# Java程序设计
## 项目化教程

Java Chengxu Sheji Xiangmuhua Jiaocheng

主编　宋承继

西安交通大学出版社

XI'AN JIAOTONG UNIVERSITY PRESS

## 内容提要

本书由六个独立项目组成,每个项目按照完成该项目的工作过程分解成若干个子任务,把 Java 语言的知识点分解并贯穿在项目任务中。学生通过项目和任务的实施,学习知识和掌握技能。项目内容顺序安排体现先易后难,项目规模顺序安排体现先小后大,这既符合学生认知规律,又反映了 Java 语言知识的连贯性。本书结合项目任务在讲解知识点的过程中灵活穿插演示例子,便于学生融会贯通地掌握知识。项目和实例融知识性与实用性于一体,且全部取自学生熟悉的场景。

本书可作为高职高专计算机及相关专业的 Java 程序设计课程的教材,也可作为 Java 语言的职业培训教材或 Java 语言爱好者的自学用书。

**图书在版编目(CIP)数据**

Java 程序设计项目化教程 / 宋承继主编. — 西安：
西安交通大学出版社,2024.6. -- ISBN 978 - 7 - 5693
- 3859 - 1

Ⅰ. ①TP312.8

中国国家版本馆 CIP 数据核字第 202437T649 号

Java Chengxu Sheji Xiangmuhua Jiaocheng

| 书　　名 | Java 程序设计项目化教程 |
|---|---|
| 主　　编 | 宋承继 |
| 策划编辑 | 杨　璠 |
| 责任编辑 | 刘艺飞 |
| 责任校对 | 王玉叶 |
| 出版发行 | 西安交通大学出版社 |
|  | (西安市兴庆南路 1 号　邮政编码 710048) |
| 网　　址 | http://www.xjtupress.com |
| 电　　话 | (029)82668357　82667874(市场营销中心) |
|  | (029)82668315(总编办) |
| 传　　真 | (029)82668280 |
| 印　　刷 | 西安五星印刷有限公司 |
| 开　　本 | 787 mm×1092 mm　1/16　印张 12.5　字数 267 千字 |
| 版次印次 | 2024 年 6 月第 1 版　　2024 年 6 月第 1 次印刷 |
| 书　　号 | ISBN 978 - 7 - 5693 - 3859 - 1 |
| 定　　价 | 49.60 元 |

如发现印装质量问题,请与本社市场营销中心联系。
订购热线:(029)82665248　(029)82667874
投稿热线:(029)82668804
读者信箱:phoe@qq.com

# 前 言
## Foreword

计算机程序设计语言是高职高专院校软件技术、计算机应用技术、信息管理技术等专业的核心课程。Java 语言以其面向对象、跨平台性、支持多线程以及网络编程等特性成为应用最广泛、最便捷、最热门的程序设计语言之一。因此，Java程序设计是高职高专院校的一门重要课程。

本书是根据二十大以来高职高专院校的教学改革要求，基于工作过程教学理念，以项目为载体，以培养学生职业素养、岗位能力和项目经验为根本宗旨的思路编写的。

本书由六个项目组成，按照项目由简单到复杂，涉及的知识点从少到多，实施难度从易到难的顺序组织编排。每个项目按照完成该项目的工作过程设计了若干个任务，用于创设学习情境、融理论教学与实践教学于一体，把知识点的学习分解并贯穿在工作任务的实施过程中。按照 Java 技术应用特点，教学内容分成：

项目一　用 Java 问候世界

项目二　一个简单的温度转换程序

项目三　学生成绩管理系统的实现

项目四　银行账户管理系统的实现

项目五　学生信息管理系统的实现

项目六　通信系统的实现

我们的教改实践证明，在项目实施过程中学习知识点有利于突出重点内容，删除不必要的内容，提高从事软件开发的岗位技能。

本书新意在于脱离理论体系编写思路，以具体项目为载体，以任务为驱动，注重培养学生职业素养和团队协作，通过技术应用实践使学生可以在学校就积累工作经验。

本书由陕西工业职业技术学院宋承继担任主编，负责全书设计、统稿，并承担项目一的撰写及教学资源开发工作;陕西工业职业技术学院蔡创负责项目二的撰写及教学资源开发;陕西工业职业技术学院何苗负责任务 3.1 和任务 3.2 的撰写及教学资源开发工作;陕西财经职业技术学院李福顺负责任务 3.3 和任务 3.4 的撰写及教学资源开发工作;陕西工业职业技术学院陈小健负责项目四至项目六的撰写及教学资源开发。

本书编写形式是对高职高专院校 Java 程序设计课程教学改革的一次尝试,所以本书中难免会有不足和疏漏存在,恳请读者在使用过程中提出意见和建议,以便我们在以后的工作中改进。

编　者

2022.12

# 目　录
Contents

Java 语言作为流行的程序设计语言之一，在当今信息化社会中发挥了重要的作用。Java 语言具面向对象、跨平台、安全、多线程等特点，这使得 Java 成为许多应用系统的理想开发语言。

## 知识目标

了解 Java 的发展历史、前景。

掌握 Java 语言的特点。

熟练下载 JDK 并进行安装配置。

搭建 Java IDE 开发平台并正确配置 Java 环境变量。

完成一个简单的 Java 小程序。

## 能力目标

培养学生利用信息手段搜集资料的能力。

通过软件开源共享引导学生树立共享发展的理念。

通过认知规律，引导学生自主探索，动手实操，针对安装与配置过程中出现的问题培养学生解决问题的能力。

培养学生严谨的编程习惯、团队协作的能力和工匠精神。

### 情境描述

我们将开发一个最简单的 Java 程序,在控制台显示"Hello World!"。通过这个项目,我们将了解 Java 语言的特点和 Java 平台,掌握如何安装和配置 Java 开发环境,以及如何编写、编译和运行 Java 程序。运行效果如图 1-1 所示。

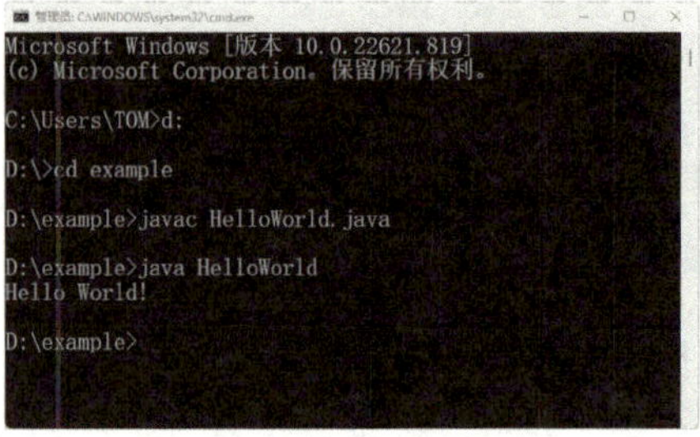

图 1-1  用 Java 问候世界

本项目包括 4 个任务,如表 1-1 所示。

表 1-1  项目任务分解

| 编号 | 任务 | 任务内容 |
| --- | --- | --- |
| 1 | 什么是 Java | 通过 Java 的发展历史和 Java 虚拟机熟悉 Java 的特点 |
| 2 | 下载和安装 Java SE | 完成 Java SE 19.0.1 的安装,这是编译和运行 Java 程序的前提条件 |
| 3 | 使用命令行工具编译和运行程序 | 采用最原始的方式编译和运行项目一程序 |
| 4 | 使用集成开发工具 | 在集成的开发工具 Eclipse 中编译和运行该程序 |

# 任务 1.1   什么是 Java

## 1.1.1   任务分析

Java 自 1995 年出现以来,经过 30 年的发展,已经成为最受程序员欢迎、使用最普遍的编程语言之一。Java 为什么能这么流行,它有哪些特点,是我们学习 Java 时首先应该弄清楚的。

## 1.1.2   知识储备

### 1. Java 的发展历史

Java 诞生于 1990 年 12 月,是由美国 Sun Microsystems 公司的帕特里克·诺顿

(Patrick Naughton)和詹姆斯·高斯林(James Gosling)领导的一组工程师设计的，当时主要目的是为了在电视、烤面包箱等家用消费类电子产品上使用，以便消费者能够方便操作这些电子产品。这个项目在 SUN 公司中被称为 Green(绿色项目)，而这种语言最初被称为 Oak，后改称为 Java。

1995 年，Java 语言的设计者用 Java 语言编写了第一个支持 Java 的浏览器 HotJava，并且让 HotJava 能够执行网页中内嵌的 applet 代码。这一成果引发了人们延续至今对 Java 的热情。

1996 年初，SUN 公司发布了 Java 1.0 版，但很快发现它存在明显的缺陷，不能用于真正的应用开发。虽然后来的 Java 1.1 版改进了响应能力，并为 GUI 增加了新的事件处理模型，但仍有很大的局限性。

1998 年，Java 1.2 版发布时 SUN 将其改名为 Java 2 标准版软件开发工具箱 1.2 版 (Java 2 Standard Edition Software Development Kit Version 1.2，J2SDK 1.2)。J2SDK 1.2 用精细的图形工具箱取代了早期版本中玩具式的 GUI，并且更接近"一次编写，随处运行"的目标。Java 1.2 标准版发布的同时，SUN 推出了用于嵌入式设备的 Java 微型版 (J2ME)以及用于服务器的企业版(J2EE)。J2SDK 1.3 版和 J2SDK 1.4 版扩展了类库，增加了新特性，提高了系统性能。

2004 年底，J2SDK 1.5 版发布，该版本后来改名为 Java SE 5.0，它是自 Java 发布以来改动最大的一次。该版本引入了泛型，导致对 Java 类库的重大更改，除此以外，Java SE 5.0 还引入了枚举、自动包装和自动解包、for-each 循环、可变元参数、元数据和静态导入等特性。

2025 年 3 月 18 日发布了 Java SDK 的最新版本 JDK 24。该版本在语言特性方面扩展了模式匹配功能，允许在"instance of"和"switch"中使用原始类型，使代码逻辑更清晰，简化了单类程序的编写，更适合于初学者和小型程序。在库方面增强了 Stream API，支持自定义中间操作，提供了用于解析、生成和转换 Java 类文件的标准 API 等，在安全性方面提供了量子计算环境下的加密安全性。在性能优化方面减少了 HotSpot JVM 中对象头的大小，提升了内存效率，减少了 JDK 的体积，提升了开发效率。

### 2. Java 虚拟机

Java 虚拟机(Java Virtual Machine，JVM)在 Java 语言中扮演着很重要的角色，你可以将 JVM 看做一台存在于真实计算机上的虚拟计算机。一般计算机程序设计语言出于性能考虑，使用编译方式运行程序，即一次性编译生成可执行文件，而 Java 源文件编译后生成的是字节码，而 JVM 再将字节码转化成特定机器的机器码以便来解释、执行这种代码，该虚拟计算机的作用是保证真实计算机能够运行 Java 程序。

在不同操作系统平台(例如 Windows、UNIX、Linux)上，只要安装了 Java 虚拟机，就可以运行同一个 Java 字节码文件，参见图 1－2。尽管安装在不同平台上的虚拟机不一样，但是这些虚拟机解释、执行 Java 字节码的方式是一样的，解释、执行的结果也是一样的。虚拟机抹平了不同操作系统之间的差异。

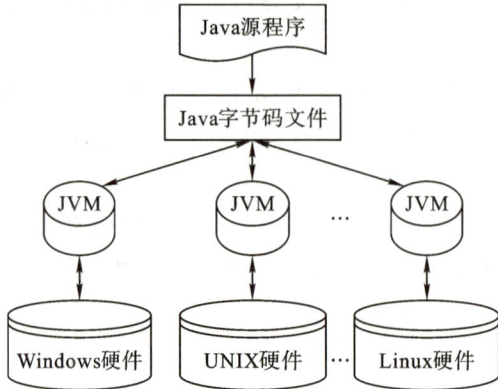

图 1-2　Java 运行环境中的 JVM

# 1.1.3　任务实施

Java 是一种简单而容易学习的计算机语言。Java 语言去掉了 C 语言中不容易理解和掌握的部分，如指针操作、运算符重载等，降低了学习难度。Java 的基本语法与 C 语言基本一致，因此对学过 C 语言的人来说较容易入门。

### 1. Java 相关概念

Java 充分融合了当代软件技术的最新成果，下面简要介绍 Java 语言的几个重要的特点。

#### 1）面向对象技术

面向对象技术已经成为软件技术中应用广泛、日益成熟的技术。它追求现实世界与计算机世界的近似和直接模拟，尽可能将现实世界的事物直接反映到软件系统中去。Java 是完全的面向对象语言，提供了一个清晰和高效的面向对象开发平台。

#### 2）平台无关性

Java 有很好的跨平台性，实现了一处编写到处运行。经过编译 Java 源程序所产生的字节码，能够在装有虚拟机的不同硬件平台和不同操作系统上执行。Java 的平台无关性一方面体现在它不依赖体系结构；另一方面，Java 规定了基本数据类型的字节长度，例如，int 类型的整数永远是 32 位。程序在任何平台上是一致的，不存在不同硬件和操作系统上数据类型不兼容的问题。

#### 3）安全稳定性

Java 编译器编译产生的不是可执行代码，而是字节码。字节码是由 Java 虚拟机执行的高度优化的一系列指令，虚拟机通过解释执行 Java 字节码。解释字节码是创建具有跨平台性的可移植程序的有效方法。

4）多线程支持

网络应用程序通常要同时做多件事，例如，在使用浏览器下载的同时浏览不同网页。Java 的多线程技术提供了构建含有许多并发线程的应用系统的途径和方法。

2. Java 平台

平台是程序运行的软件和硬件环境。大多数平台是操作系统和硬件的组合，例如，Windows 平台、Linux 平台等。Java 平台不一样，它是一个运行在操作系统平台上的仅由软件组成的平台。

Java 平台包括两部分，Java 虚拟机和 Java 应用程序接口（Application Programing Interface，API）。虚拟机是 Java 平台的基础，可运行在不同硬件和不同操作系统上。

## 1.1.4 知识拓展

API 是一个提供不同功能的软件组件集合，它把相关的类和接口放在类库中，这些类库称为包。例如，访问数据库的 API 在 java.sql 包中，Swing 图形界面组件在 javax.swing 包中。

目前，Java 的主要应用领域是 Web 开发，Java Web 应用占 Java 开发领域的一半以上。Java Web 使用的是 Java 技术和在 Java 基础上发展起来的 Java EE（原名 J2EE）技术。由于 Java EE 技术在企业中普及应用，出现了众多支持 Java EE 技术的服务器，例如，Bea 公司推出的 WebLogic，IBM 公司的 WebSphere，SUN 公司推出的 SunOne，等等，自由软件 Java EE 服务器有 Tomeat、JBoss 等。运行在这些服务器上的企业应用软件广泛使用在金融、保险、证券、学校、制造企业、政府机关等部门。

# 任务 1.2 下载和安装 Java SE

## 1.2.1 任务分析

本书以标准版讲述 Java 程序设计。编写和运行 Java 程序首先必须安装 Java 标准版软件并设置环境变量。不同版本的 Java 产品可以从 Oracle 公司的网站 http://www.oracle.com/technetwork/java/javase/downloads/index.html 上免费下载。本任务演示 Java SE 19.0.1 的安装和设置过程。

## 1.2.2 知识储备

Java SE 19.0.1 提供了两个软件产品，Java 运行时环境（Java SE Runtime Environment，JRE）和 Java 开发工具箱（Java SE Development Kit，JDK）。JRE 提供类库、

Java虚拟机以及运行Java应用程序和小应用程序所需的其他组件。JDK包括JRE，除此之外还增加了命令开发工具，例如javac、java、appletviewer等，以及编译器和调试器。

如果在DOS命令窗口使用JDK命令编译并运行Java程序，安装结束后，还要设置环境变量Path和classpath。环境变量Path是设置JDK命令文件所在的路径，设置环境变量Path后，可以在任何路径下使用这些命令。环境变量classpath是设置类库所在路径，设置后Java程序就可以访问类库中的类了。

## 1.2.3　任务实施

### 1. JDK 的安装

双击下载后的产品图标，就可以按照提示逐步完成安装过程。在安装过程中，单击图1-3中的"更改"按钮可以更改JDK的安装目录。默认条件下，全部安装到C：\ Program Files \ Java（假设操作系统安装在C盘），Java JDK安装完成如图1-4所示。

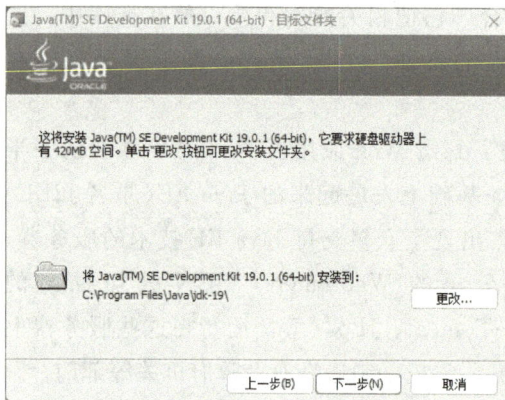

图 1-3　设置 JDK 的安装目录　　　图 1-4　Java JDK 安装完成

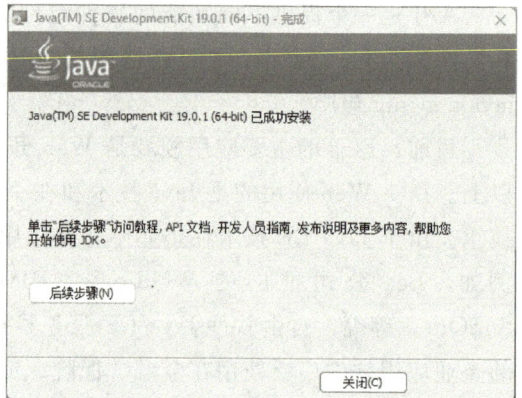

安装完成后，C：\ Program Files \ Java中的主要目录结构如表1-2所示。

表 1-2　JDK 的目录结构

| 目录名 | 功能说明 |
| --- | --- |
| bin | 各种开发工具的可执行文件，主要的是编译器（javac.exe） |
| include | Java 和 Jvm 交互用的头文件 |
| Jre | Java 运行环境的根目录 |
| lib | 包含开发所需的其他类库和支持文件 |

### 2. 创建 JAVA _ HOME 变量

在"此电脑"上单击鼠标右键，在弹出的窗口的左侧选择【系统】，在【系统信息】窗口中选择单击"高级系统设置"命令，弹出系统属性面板。然后单击【环境变量】按钮，打开"系统变量"面板。在【系统变量】下方单击【新建】按钮，分别输入变量名"JAVA ＿ HOME"，变量值"C：\ Program Files \ Java \ jdk－19"，如图 1－5 所示，单击【确定】按钮即可。

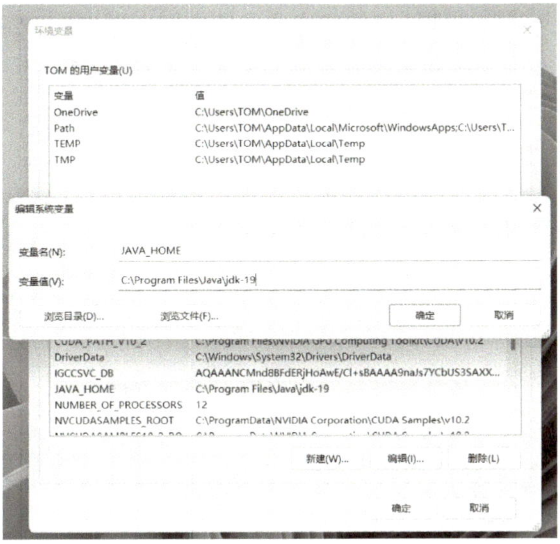

图 1－5　设置 JAVA ＿ HOME 变量

### 3. 设置 Path

在系统变量下查找有无 Path 变量。如果没有，则新建一个；如果有，则选中Path，单击【编辑】按钮，在弹出的编辑环境变量面板右侧单击【新建】按钮，在变量值的输入栏中输入"％JAVA ＿ HOME％ \ bin"即可。如图 1－6 所示。

图 1－6　设置 Path 变量

#### 4. 设置 classpath

在系统变量下查找有无 classpath 变量，如果没有则新建一个。单击【新建】按钮，输入变量名"classpath"，变量值"．；％JAVA＿HOME％\lib\tools.jar；，；％JAVA＿HOME％\lib\dt.jar"，如图 1－7 所示。然后单击【确定】按钮，关闭环境变量设置面板。

图 1－7　设置 classpath 变量

#### 5. jre 生成方法

使用"win＋r"打开命令框，输入"cmd"，如图 1－8 所示。

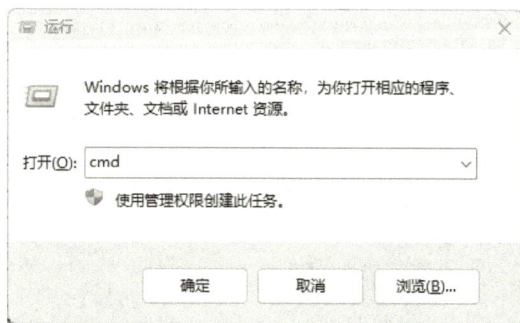

图 1－8　运行 cmd 命令

进入 jdk 安装目录，输入以下命令：

bin\jlink.exe --module-path jmods --add-modules java.desktop --output jre

执行 jre 生成命令，执行效果如图 1-9 所示。

图 1-9　执行 jre 生成命令

### 6. 检测环境变量设置是否成功

选择 Windows 的【开始】—【运行】命令，输入"cmd"命令进入 DOS 命令行状态，再输入"javac"，若出现类似于如图 1-10 所示界面，则说明环境变量设置成功。

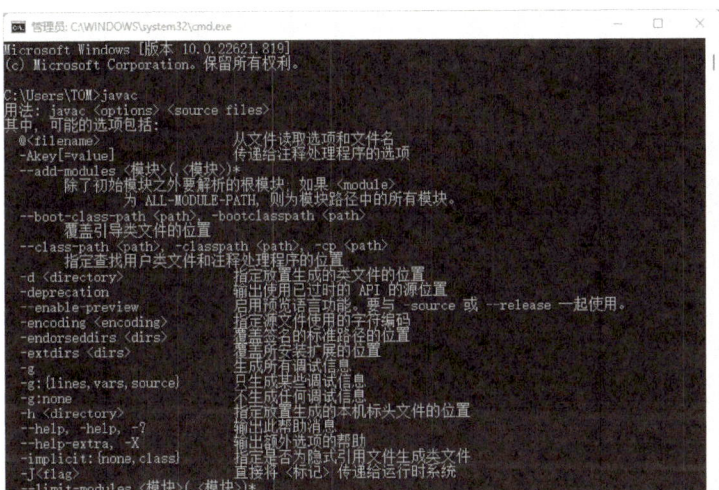

图 1-10　检测结果

# 任务 1.3　使用命令行工具编译和运行 Java 程序

## 1.3.1　任务分析

安装完 Java SE 并设置好环境变量后就可以编译和运行 Java 程序了。Java 程序包括 Java 应用程序和 Java 小应用程序，本项目主要介绍 Java 应用程序。小应用程序的用法在后续项目中介绍。

本任务使用 Java SE 的命令行工具编译和运行项目的程序。程序源代码如下：

```
/**
* HelloWorld. java
* @author Administrator
```

```
*/
public class HelloWorld
{
    public static void main(String[] args)
    {
        System.out.println("Hello World!"); //输出"Hello World!"
    }
}
```

我们先在记事本中编辑上述程序，然后在 DOS 命令窗口使用命令行工具编译和运行。

## 1.3.2　知识储备

### 1. 书写 Java 应用程序

编写 Java 应用程序必须遵循以下规定：

（1）一个 Java 源文件通常由一个类组成。类由关键字 class 声明，class 前面可以加修饰符 public，也可以不加，每个类的代码都在类名后的一对{}内。

（2）Java 源文件的文件名必须与类名一致，扩展名为 .java。上述文件的文件名必须是 HelloWorld.java。

（3）每个 Java 应用程序源文件的类中有且仅有一个 public static void main(String[] args)方法，运行应用程序就是运行 main()方法中的代码。main()方法前面必须加关键字 public static void，方法体所有代码放在一对{}内。

（4）Java 程序中任意地方都可以加入注释，"/＊＊"（或"/＊"）和"＊/"之间可以注释多行代码，"//"可以注释一行代码。注释是为了使程序容易被别人看懂，在编译时被忽略。

### 2. 常见的 Java 命令

#### 1）运行 class 文件

执行带 main 方法的 class 文件，Java 虚拟机命令参数行为：

java ＜CLASS 文件名＞

注意：CLASS 文件名不要带文件后缀 .class。

例如：java Test

如果执行的 class 文件是带包的，即在类文件中使用了：package ＜包名＞那应该在包的基路径下执行，Java 虚拟机命令行参数：java ＜包名＞.CLASS 文件名，例如：

PackageTest.java 中，其包名为 com.ee2ee.test，对应的语句为：

package com.ee2ee.test;

PackageTest. java 及编译后的 class 文件 PackageTest. class 的存放目录如下：

```
classes
    └── com
        └── ee2ee
            └── test
                └── PackageTest. java
                    └── PackageTest. class
```

要运行 PackageTest. class，应在 classes 目录下执行：

java com. ee2ee. test. PackageTest

### 2）运行 jar 文件中的 class
原理和运行 class 文件一样，只需加上参数-cp ＜jar 文件名＞即可。

例如，执行 test. jar 中的类 com. ee2ee. test. PackageTest，命令行如下：

java -cp test. jar com. ee2ee. test. PackageTest

### 3）显示 jdk 版本信息
当一台机器上有多个 JDK 版本时，需要知道当前使用的是哪个版本的 JDK，使用参数-version 即可知道其版本，命令行为：java -version

## 1.3.3  任务实施

### 1. 在记事本里创建 Java 应用程序
单击"开始"，从弹出的菜单中选择"运行…"，打开"运行"对话框，如图 1－11 所示。在"运行"对话框中输入 notepad，单击"确定"按钮，打开记事本。

图 1－11  在运行中打开记事本

在记事本中输入 1.3.1 中的代码，如图 1－12 所示。以 HelloWorld. java 为文件名保存，"文件类型"选"所有文件"，保存文件的路径可以自己设置，假设文件保存在

D：\example中。保存后可以在 D 盘 example 目录中找到文件 HelloWorld.java。

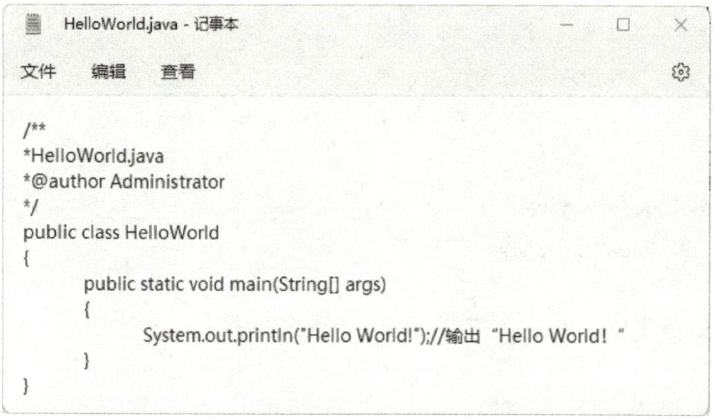

图 1-12　在记事本中编辑 Java 源程序

### 2. 在 DOS 命令窗口编译/解释执行

在图 1-12 所示的"运行对话框"中输入"cmd"后单击"确定"按钮，打开 DOS 命令窗口。将路径切换到 HelloWorld.java 所在的目录 D：\example，输入 javac HelloWorld.java 执行编译，如图 1-13 所示。如果程序中有错误，将显示错误的类型和位置。编译成功后在同一个目录中生成 HelloWorld.class 文件。

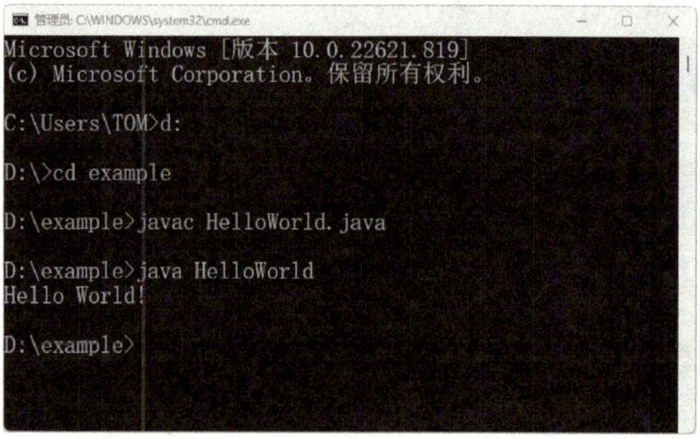

图 1-13　编译/解释执行项目一程序

## 1.3.4　知识拓展

### 1. 什么是 DOS 命令

命令行就是在 Windows 操作系统中打开 DOS 窗口，以字符串的形式执行 Windows 管理程序。在这里，先解释什么是 DOS。DOS 是 Disk Operation System 的首字母缩写，即磁盘操作系统。

目前我们常用的操作系统有 Windows 7/10/11 等，它们都有可视化的界面。在这些系统之前，人们使用的操作系统是 DOS 系统。DOS 系统目前虽已淘汰，但是 DOS 命令依然存在于我们使用的 Windows 系统中。大部分的 DOS 命令都已经在 Windows 里变成了可视化的界面，但是有一些高级的 DOS 命令还是要在 DOS 环境下来执行。所以学习命令行对于我们熟练操作 Windows 系统是很有必要的。

### 2. JDK，JRE，JVM 的区别与联系

JDK：是 Java 的标准开发工具包，它提供了编译、运行 Java 程序所需的各种工具和资源，包括 Java 编译器、Java 运行环境 JRE，以及常用的 Java 基础类库等，是整个 Java 的核心。程序开发者必须安装 JDK 来编译、调试程序。

JRE：是运行基于 Java 语言编写的程序所不可缺少的运行环境，用于解释执行 Java 的字节码文件。普通用户只需要安装 JRE 来运行 Java 程序，不开发程序，无需安装 JDK。

JVM：是 Java 的虚拟机，是 JRE 的一部分。它是整个 Java 实现跨平台的最核心的部分，负责解释执行字节码文件，是可运行 Java 字节码文件的虚拟计算机。使用 Java 编译器编译 Java 程序时，生成的是与平台无关的字节码，这些字节码只面向 JVM。不同平台的 JVM 是不同的，但它们都提供了相同的接口。

Java 为什么可以具有强大的跨平台性，是因为 Java 程序只需生成在 Java 虚拟机上运行的字节码，就可以在多种平台上不加修改地运行。也就是常说的一处编译，到处运行。

JVM 执行程序的过程：

(1)加载.class 文件 Java 程序会首先被编译为.class 的类文件，这种类文件可以在虚拟机上执行。class 并不直接与机器的操作系统相对应，而是经过虚拟机间接与操作系统交互，由虚拟机将程序解释给本地系统执行。只有 JVM 还不能成功执行.class 的类文件，因为在解释 class 的时候 JVM 需要调用解释所需要的类库 lib，而 JRE 包含 lib 类库。

(2)运行 class 文件，可以在命令行中输入 Java 字节码文件名，此时启动了一个 JVM，加载字节码文件名.class 字节码文件到内存，然后 JVM 运行内存中的字节码指令。

(3)管理并分配内存。

(4)执行垃圾收集，调用垃圾收集器进行垃圾回收。

### 3. 为什么要配置环境变量

Windows 系统下，假如我们安装了某一款软件，安装结束后，在安装目录会生成一个该软件的.exe 文件(桌面快捷方式)，我们需要运行.exe 打开软件。但是每次要运行该软件的时候都要先找到该.exe 文件所在的路径，如果安装的软件很多，我们根本不可能记住所有已安装软件的路径，这时候就需要环境变量了。

JAVA _ HOME：指向 JDK 的安装目录。配置 JAVA _ HOME 的原因就是如果 JDK 安装目录变了，只用修改 JAVA _ HOME，不用修改 Path。目前 Path 环境变量除

保存了我们自己配置的信息，还有系统自带的信息。如果一旦不小心删除了 Path 环境变量信息，那么就可能导致系统部分功能无法使用。

Path：在 JDK 安装目录下的 bin 文件夹中有很多我们在开发中要使用的工具，bin 目录下有编译、启动等命令，配置以后任何目录位置下都可以直接输入命令。引入%JAVA_HOME%，避免频繁修改 Path。

classpath：启动 JVM(Java 虚拟机)的时候，Java 虚拟机就会根据 classpath 环境变量所保存路径信息去寻找对应的 class 文件。

# 任务 1.4　使用集成开发工具

## 1.4.1　任务分析

Java 集成化开发工具很多，例如 Eclipse、NetBeans、JDeveloper、JCreator 等。Eclipse 是其中的主流工具，甚至是开发 Java 应用程序的最佳选择。Eclipse 在 Java 开发领域受到了关注，国内外许多软件公司采用 Eclipse 作为开发平台。

## 1.4.2　知识储备

### 1. Eclipse 简介

Eclipse 的早期可以追溯到 IBM 的 Visual Age。Visual Age 是 IBM 早期的 Java 开发平台，面临着其他 Java 开发工具的强大竞争压力，例如 Symantec 公司的 Visual Cafe、Borland 公司的 JBuilder 等。于是，IBM 决定突出重围，开发一个新的 Java 开发工具。

1998 年 11 月，IBM 专门成立了一个项目开发小组，开始开发新的 Java 开发工具。

2000 年新一代开发平台诞生，这就是大家所熟悉的 Eclipse。

2001 年 12 月，IBM 将价值 4 千万美元的 Eclipse 源码捐赠给开源社区，并成立 Eclipse 协会(Eclipse Consortium)，以便支持并促进 Eclipse 开源项目。

2004 年，IBM 在 EclipseCon 大会上宣布成立一个独立的非营利性的基金会，由该基金会负责管理和指导 Eclipse 开发。

目前 Eclipse 基金会成员多达一百多家世界知名公司，包括 Borland、RedHat、Sybase、Rational Software、Google 和 Oracle 等业界巨头。全球有上百万人在使用 Eclipse 进行开发，为什么 Eclipse 拥有如此众多的拥趸？这与 Eclipse 集众多优秀特性于一身有很大关系。

Eclipse 是开放源代码的软件，这意味着开发者不仅可以免费使用 Eclipse，还可以通过研究其源代码学习世界上顶尖开发人员的编程技术。

Eclipse 是真正的可扩展并可配置的开发工具。Eclipse 采用插件机制，犹如积木，你可以根据需要任意组装，也可以很容易地将不再需要的部分去掉。目前，互联网上免费的、收费的插件琳琅满目，插件开发在国内外软件行业逐步成为新兴的产业。

Eclipse 提供了对多重平台特性的支持，开发者可以使用他们感觉最舒适、最熟悉的平台，例如 Windows、Linux、MacOS 等。

Eclipse 基于业界领先的 OSGi 规范，该规范最早由 Sun Microsystems、IBM、爱立信等于 1999 年推出，其服务平台涉及服务网关、汽车、移动电话、工业自动化、建筑物自动化、PDA 网格计算、娱乐（如 iPronto）和 IDE 等。

### 2. Eclipse 体系结构

Eclipse 平台体系结构主要由 5 个部分组成：运行时内核、工作空间、工作台、团队支持和帮助等，如图 1-14 所示。

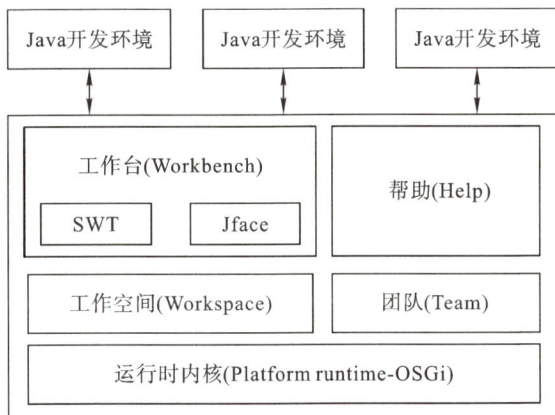

图 1-14　Eclipse 体系结构

## 1.4.3　任务实施

### 1. Eclipse 下载

Eclipse 是一款免费的绿色开源（开放源代码）软件，目前成熟稳定的版本是 3.4。开发者可以到 Eclipse 官方网站 http：//www.eclipse.org 下载，如图 1-15 所示。单击"Download Eclipse"，可以找到全部版本。我们需要下载的是"Eclipse IDE for Java Developers"，如图 1-16 所示。

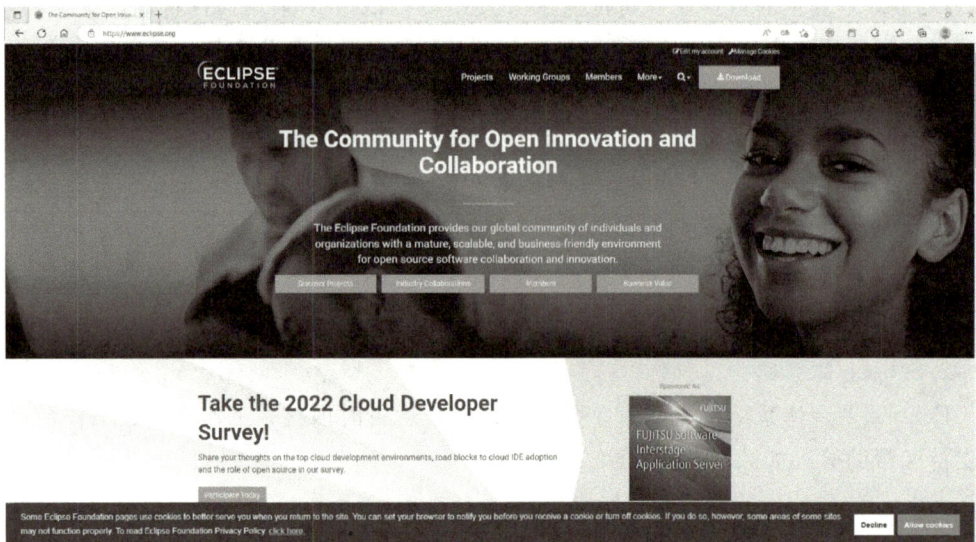

图 1 - 15　Eclipse 官方主页

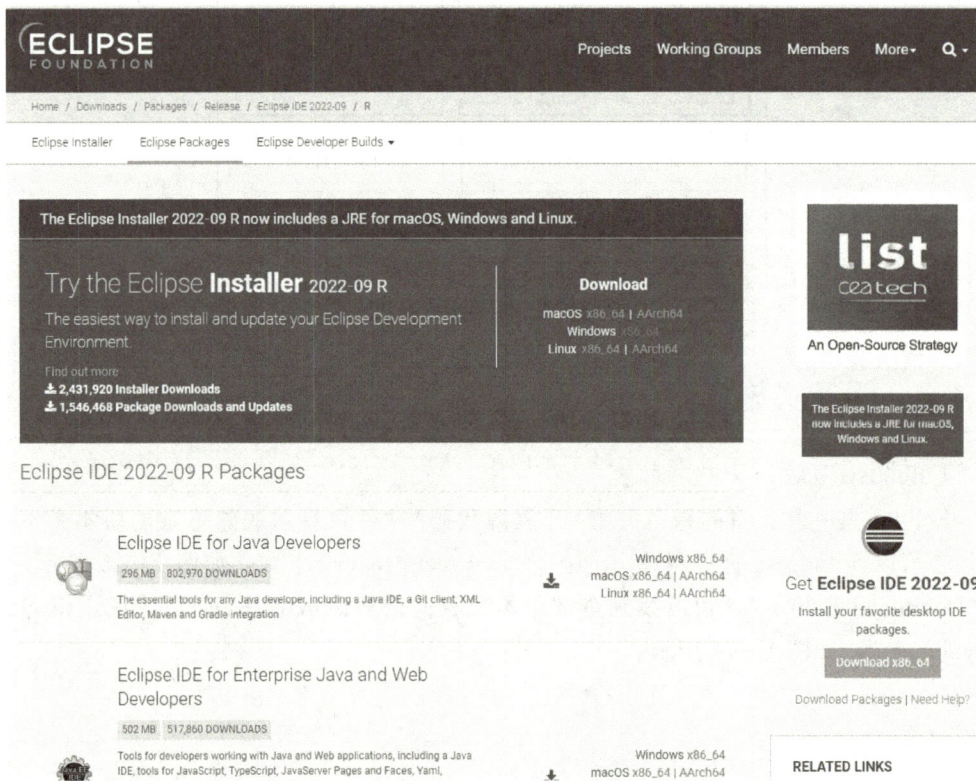

图 1 - 16　Eclipse 下载链接

## 2. Eclipse 安装

Eclipse 是免安装软件，将 eclipse-java-ganymede-SR2-win32.zip 解压至某个磁盘即可。例如，解压到 D 盘后，双击 D：\ eclipse \ eclipse.exe 即可启动 Eclipse，首先将出现 Eclipse 的闪屏画面，若是第一次启动 Eclipse，会弹出如图 1－17 所示的对话框，该对话框用于指定某个文件夹为工作空间。先在某个磁盘创建一个文件夹用于工作空间，例如 D：\ eclipse-workspace。工作空间目录包含了所开发程序项目的相应资源及 Eclipse 的配置文件。可以勾选"Use this as the default and do not ask again"，避免 Eclipse 每次启动时弹出该对话框。单击【OK】按钮，开始运行 Eclipse。运行完毕，会出现 Eclipse 欢迎画面，Eclipse 安装成功。

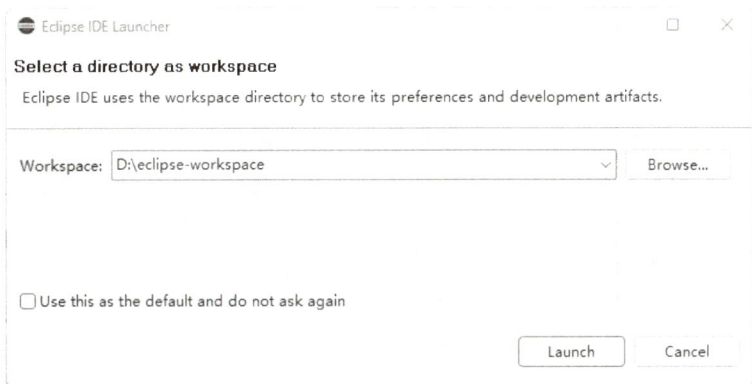

图 1－17　指定工作空间目录对话框

## 3. 设置构建路径

Java 源程序（＊.java）最终是要编译成字节码文件（＊.class）。一个项目有很多 Java 源程序，最终也会生成很多 .class 文件。编译后的 .class 文件既可以单独存放在某个文件夹下（例如 bin），也可以与 Java 源程序放在一起（例如 src）。因此，通常将 .java 和 .class 文件分开存放，这就需要对 Eclipse 设置构建路径。

选择 Eclipse 主菜单的【Window】—【Preferences】命令，弹出"Preferences"对话框。展开"Java"，单击其下的"Build Path"。选择"Source and output folder"下的"Folders"，如图 1－18 所示，再分别单击【Apply】和【Apply and Close】按钮。

## 4. 创建 Java 项目

Eclipse 环境设置好后，接下来创建项目。选择 Eclipse 的【File】—【new】—【Java Project】命令，弹出"New Java Project"对话框。在"Project name"后输入项目名称，例如本章项目 proj，其他可以选择默认值，如图 1－19 所示。

单击【Next】按钮，弹出项目构建设置对话框。如果需要的话，可以进行一些配置工作。最后单击【Finish】按钮，完成项目的创建工作。

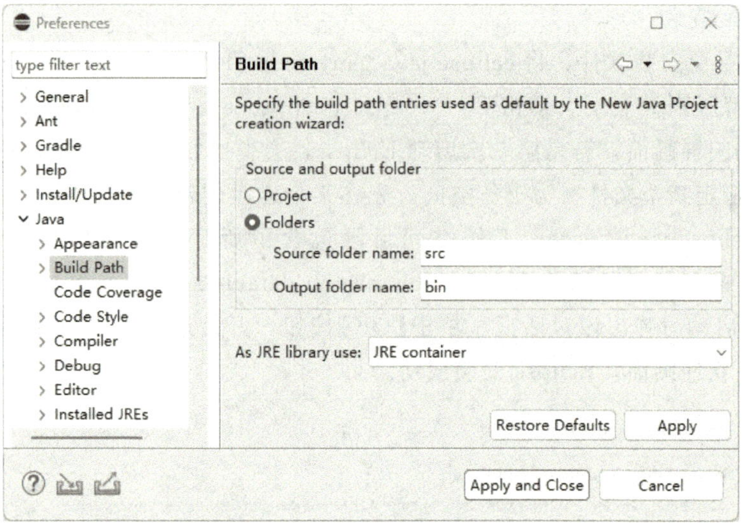

图 1-18　设置构建路径

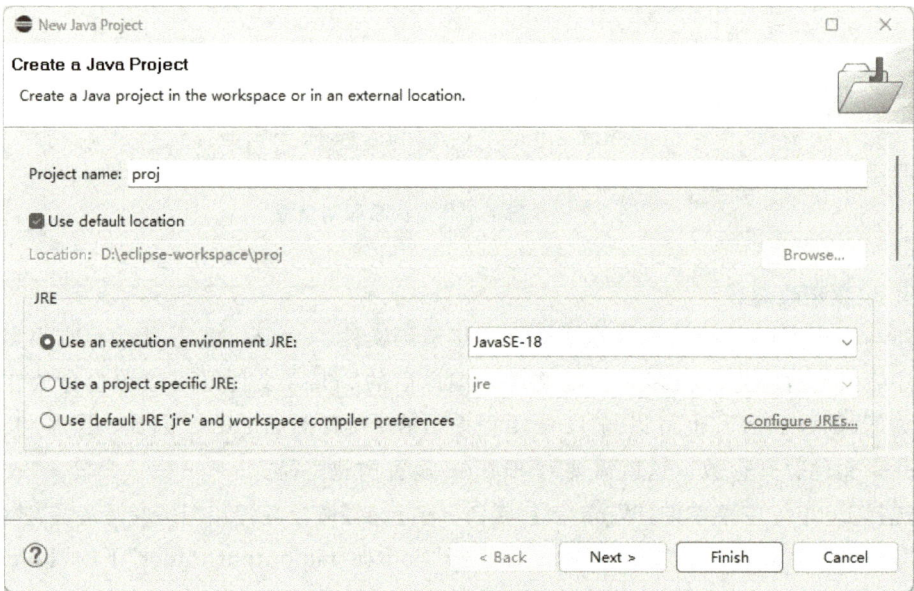

图 1-19　创建 Java 项目

### 5. 新建 Java 类

下面在 ch01 项目下创建 Test. java 类。先在 ch01 项目下的 src 上单击鼠标右键，选择右键菜单中的【New】，再选择【Class】菜单，弹出"New Java Class"对话框。在"Name"后输入 HelloWorld，注意勾选"public static void main(String[] args)"，如图 1-20所示。单击【Finish】按钮，Eclipse 将自动打开 HelloWorld. java 编辑器。

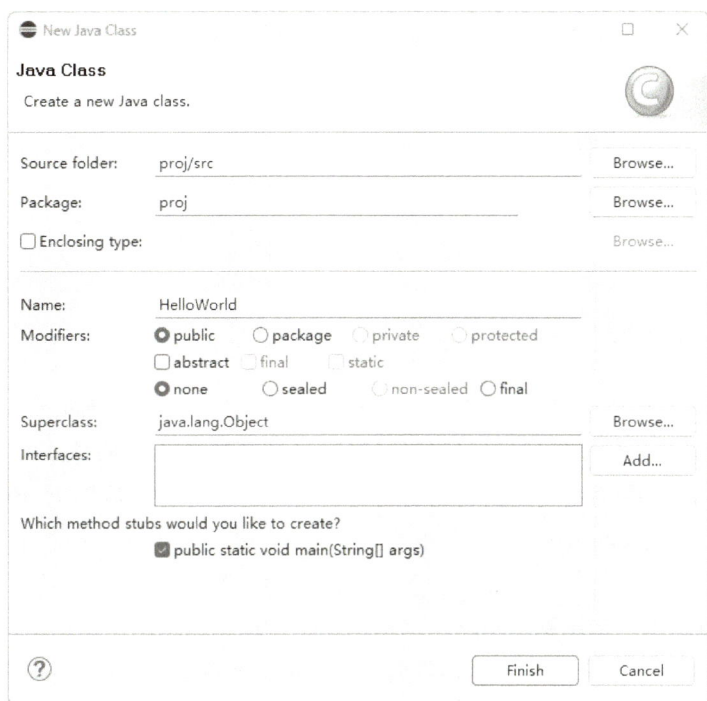

图 1-20  新建 Java 类

### 6. 运行 Java 应用程序

在 Java 程序名或代码编辑器上单击鼠标右键，在右键菜单中选择【RunAs】—【Java Application】，即可运行 HelloWrold.java 程序。如果以后想再次运行该程序，则可以直接单击 Eclipse 工具栏的绿色箭头运行程序图标按钮，如图 1-21 所示。这种运行方式更简单快捷。程序运行的结果如图 1-22 所示。

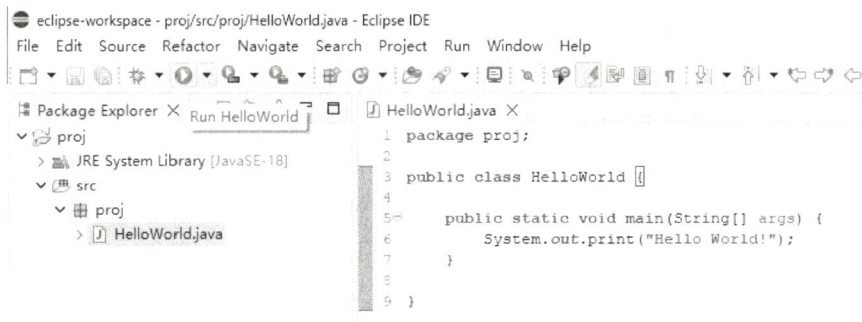

图 1-21  运行图标按钮

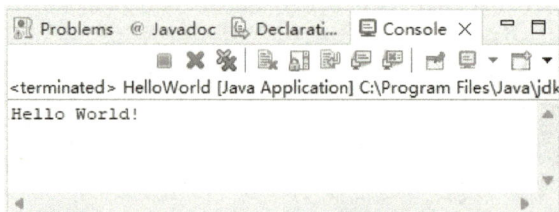

图1-22　程序运行的结果

## 1.4.4　知识拓展

什么是插件？插件，是用来扩展和增强主程序功能的外挂。Eclipse把插件的功能发挥得淋漓尽致，正是由于这点，Eclipse才有了今天的辉煌。插件式开发将会是以后软件开发的主流，因为它能给我们带来很大的便利，特别是随着Broland、BEA、Sybase加盟IBM的Eclipse，Eclipse将会变得更完善。Eclipse插件基本上有以下三种安装方法。

（1）下载插件包，解压到Eclipse主程序目录下的plugins和features文件夹下。一般插件包里就有这两个文件夹，从插件包中把Plugins与Features下的文件分别复制到Eclipse主程序目录下的plugins与Features目录里。

（2）直接在线安装插件。选择【Help】—【Software Updates】—【Find and Install】—【Search for new features to install】，然后点击Next，点击【NewRemote Site】，加入要安装插件的Site。然后点击【Finish】就完成了插件的安装。

例如，Jode的插件地址就是：http：//www.technoetic.com/eclipse/update。

（3）Links安装方法，虽然最复杂，但却是最好的方法，优点是便于管理。以下以Jode插件安装为例：①将Jode包中的plugins和features放到你想要管理的文件夹下的Eclipse目录下，这个文件夹不一定是Eclipse的主程序目录。如果你想把要安装的插件全部放到D：\MyPlugins文件夹下，那么你可以在此文件夹下建一个Jode文件夹，以区别于以后安装的插件，然后在Jode文件夹下建一个Eclipse文件夹，再把Jode包中的plugins和features放进来。形成的目录为D：\MyPlugins\Jode\eclipse\plugins与D：\MyPlugins\Jode\eclipse\features。②在Eclipse主程序目录下，如Eclipse在D：\Eclipse下，那么在此文件夹下建一个Links文件夹。下面再建一个Jode文件，扩展名可以任意，如Jode.txt或Jode.link等，录入以下文字：Path=D：/MyPlugins/Jode。

几点说明：

①插件可以分别安装在多个自定义的目录中。

②一个自定义目录可以安装多个插件。

③link文件的文件名及扩展名可以取任意名称，比如XXX.txt，myplugin都可以。

④link 文件中 path＝插件目录的 path 路径分隔要用 \\ 或是／。

⑤在 links 目录也可以有多个 link 文件，每个 link 文件中的 path 参数都将生效。

⑥插件目录可以使用相对路径。

⑦可以在 links 目录中建立一个子目录，转移暂时不用的插件到此子目录中，加快 eclipse 启动。

注意：以上所有方法，如果安装后看不到插件，可以把 eclipse 目录下的 configuration 目录删除（有必要时，还可以修改 Eclipse 主程序目录下 configuration 文件夹下的 config.ini 文件，加入 osgi.checkConfiguration＝true），重启即可。

# 习　题

## 一、填空题

1. Java 是一种网络编程语言，简单易学，利用了＿＿＿＿＿＿的技术基础，但又独立于硬件结构，具有可移植性、健壮性、安全性、高性能等特点。

2. 一个独立的 Java 原始程序里只能有一个＿＿＿＿＿＿＿＿类，却可以有许多＿＿＿＿＿＿类。

3. 在 Java 语言中，将后缀名为＿＿＿＿＿＿的源代码文件编译后形成后缀名为".class"的字节码文件。

4. Java 类库具有＿＿＿＿＿的特点，保证了软件的可移植性。

5. 每个 Java 应用程序可以包括许多方法，但必须有且只能有一个＿＿＿＿＿方法。

## 二、选择题

1. 下列（　　）是 JDK 提供的编译器。

A. java.exe　　　　　　B. javac.exe

C. javap.exe　　　　　　D. javaw.exe

2. 下列（　　）是 Java 应用程序主类中正确的 main 方法。

A. public void main (String args[ ])

B. static void main (String args[ ])

C. public static void Main (String args[ ])

D. public static void main (String args[ ])

## 三、简答题

1. Java 语言的主要贡献者是谁？

2. 开发 Java 应用程序需要经过哪些主要步骤？

3. 如果 JDK 的安装目录为 D：\ jdk，应当怎样设置 path 和 classpath 的值？

4. Java 源文件的扩展名是什么？Java 字节码的扩展名是什么？

5. 如果 Java 应用程序主类的名字是 Bird，编译之后，应当怎样运行该程序？

6. Java 有哪两种编程风格，在格式上各有怎样的特点？

## 四、编程题

阅读下列 Java 源文件，并回答问题。

```
public class Person {
    void speakHello() {
        System. out. print("您好，很高兴认识");
        System. out. println(" nice to meet you");
    }
}
class Xiti {
    public static void main(String args[]) {
      Person zhang = new Person();
      zhang. speakHello();
    }
}
```

（a）上述源文件的名字是什么？

（b）编译上述源文件将生成几个字节码文件？这些字节码文件的名字都是什么？

（c）在命令行执行 java Person 会得到怎样的错误提示？执行 java xiti 会得到怎样的错误提示？执行 java Xiti. class 会得到怎样的错误提示？执行 java Xiti 会得到怎样的输出结果？

# 项目二
## 一个简单的温度转换程序

Java 语言与自然语言一样，也是由字、词、句、章等基本语法成分以及相应的语法结构组成的，只是具体用法有所区别。本项目是 Java 语言的基础，涉及 Java 语言基本的规定，是学习 Java 语言的必经阶段。在对其他程序设计语言有所了解的基础上，注意比较一下它们的相同和不同之处，学习起来就会比较轻松。

### 知识目标

掌握 Java 语法中的标识符与关键字。

掌握 Java 中变量与常量的使用。

掌握 Java 中的数据类型。

掌握运算符与表达式。

### 能力目标

以软件公司编码规范和 Java 工程师感言为主题，进行职业规范教育，培养学生规范的编码习惯。

分析数据类型之间的差异，培养学生的逻辑思维能力和探索能力。

培养学生爱岗敬业、遵守行业法则的职业道德，提高学生沟通表达、自我学习和团队协作能力。

培养学生坚持、严谨、诚信、合作、精益求精等程序员工匠精神。

### 情境描述

经常出国旅行的朋友都知道，需要及时了解当地的气温状况，但不同国家采用不同的温度计量单位：有些使用华氏温度标准(℉)，有些使用摄氏温度(℃)。我们知道摄氏温度与华氏温度的换算公式是：$5(t_F-50)=9(t_C-10)$，其中 $t_F$ 表示华氏温度，$t_C$ 表示摄氏温度。那么，如何用 Java 程序实现它们之间的相互转换呢？程序的运行效果如图 2-1 所示。

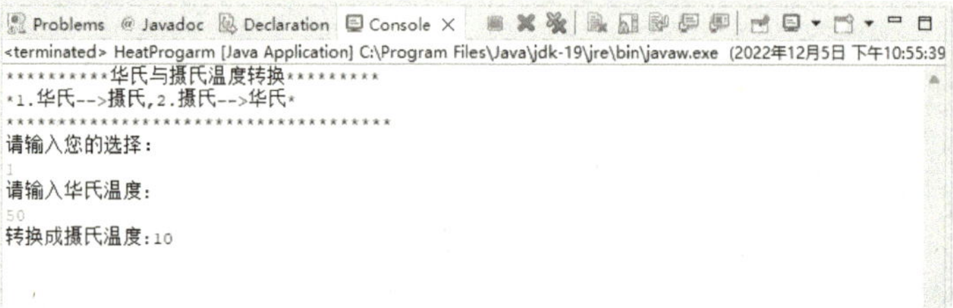

图 2-1　温度转换程序

本项目包括 5 个任务，如表 2-1 所示。

表 2-1　项目任务分解

| 编号 | 任务名称 | 任务内容 |
|---|---|---|
| 1 | 相关量的存储 | 确定变量和常量 |
| 2 | 数据类型的选择 | 为每个变量确定合适的 Java 数据类型 |
| 3 | 运算表达式的执行 | 按照 Java 语法实现计算温度转换算法 |
| 4 | 编写代码 | 采用 Java 语言编程实现该算法 |

# 任务 2.1　相关量的存储

## 2.1.1　任务分析

华氏温度和摄氏温度转换过程中，要将控制台输入的华氏温度或摄氏温度等这些数据输入后保存在变量中，然后根据转换公式运算，才能将运算结果返回。该任务中首先需要确定使用哪些变量保存这些输入数据，以及如何给这些变量命名。

在实现这个任务的过程中我们将学习掌握 Java 变量的命名规则和命名习惯。变量是标识符号的一种，为此，首先必须学习 Java 的字符集、标识符及 Java 标识符的命名规则。

## 2.1.2　知识储备

### 1. 关键字、标识符及分隔符

计算机程序是由标记符组成的，Java 语言也有自己的一套完整的语法规则。

#### 1）关键字

关键字是指在 Java 语言中已经定义好的、作为特别用途的一系列单词；保留字是指系统保留起来、暂时不会使用的一系列单词，但以后可能会使用，可以看做一种特殊的关键字。Java 关键字如表 2-2 所示。

表 2-2　Java 关键字

| 分类 | 关键字 |
|---|---|
| 访问控制 | private protected public |
| 类、方法和变量修饰符 | abstract class extends final implements interface native<br>new static strictfp synchronized transient volatile |
| 程序控制语句 | break continue return do while if else<br>for instanceof switch case default |
| 错误处理 | catch finally throw throws try |
| 与包相关 | import package |
| 基本类型 | boolean byte char double float int long short |
| 变量引用 | super this void |

除了以上关键字，Java 还设置了两个保留字：const 和 goto，它们可以在 Java 未来版本中使用且不会破坏已编写好的 Java 源码。True、false 和 null 是直接量，也具有特殊含义。

#### 2）标识符

标识符（Identifier）是程序中表示各种变量、标签、类和方法等的符号，也就是程序员为了方便使用这些元素所起的名字。通过这些标识符，可以方便地区分不同的元素，并能理解这些元素所代表的含义。标识符的命名必须遵循以下原则。

（1）标识符通常由大小写英文字母、数字字符、美元符号"＄"和下划线"＿"组成，长度不限，但不能以数字开头。

（2）Java 标识符中的英文字母必须区分大小写。

（3）标识符可以包括 Unicode 标准字符集中的所有字符。除了英文字母外，还可以是中文、日文、俄文、希腊字母及其他许多种语言中的文字。

（4）在同一个作用范围内，不要命名相同的标识符。

（5）标识符不能为 Java 关键字和保留字。

**3）分隔符**

空格、逗号、分号及结束符都被称为分隔符，任意两个相邻标识符、数字或语句之间至少要有一个分隔符，以便程序编译时能够被识别。分隔符必须是半角英文符号。

**2. 常量和变量**

**1）常量**

常量是其值固定不变的量。Java 中的常量值区分为不同的类型，如整型常量 100，实型常量 1.05，字符常量 'a'，逻辑类型常量 true、false 及字符串常量"This is a book"等。

**2）变量的声明**

变量是用标识符命名的在程序使用过程中其值可以发生改变的量。变量的使用应注意以下两个方面。

（1）所有变量必须先声明再使用。声明方法如下：

```
type identifier [＝value][, identifier[＝value]...];
```

（2）变量名必须是合法的标识符。

**3）变量的作用域**

变量的作用域是指变量有效的使用范围，声明一个变量的同时实际上就指明了变量的作用域。在一个确定的域中，变量名应该是唯一的。在 Java 中，局部变量的声明不能使用 public、private、static、protected 等关键字。变量的作用域如表 2-3 所示。

表 2-3　变量的作用域

| 变量类型 | 声明位置 | 作用域 |
|---|---|---|
| 局部变量 | 在方法或方法的代码块中声明 | 所在的代码块 |
| 类变量 | 在类中声明 | 整个类 |
| 方法参数 | 方法或者构造方法的正式参数 | 整个方法 |
| 异常处理参数 | 异常处理 | 异常处理部分，在{和}之间的代码，它紧跟着 catch 语句 |

## 2.1.3　任务实施

温度转换程序处理过程中，需要定义多个变量保存输入的各类数据，另外还要定义变量保存计算结果。在程序中使用了下列变量：

centigrade；//保存输入的摄氏温度

fahrenheit；//保存输入的华氏温度

select；//保存功能选择

## 2.1.4　知识拓展

理解变量需要明确变量的三个属性：变量地址、变量值和变量名。变量地址是指变量在内存中分配的存储单元的地址，变量值是指存储在内存单元中的数据，变量名其实就是内存单元地址的一种引用，通过变量名可以直接引用存放在内存单元的数据，这样做可以大大简化数据存取的复杂度。Java 内存管理机制能较好地处理变量在内存中的分配和回收问题，使得内存管理对于程序员而言完全的透明化。

虽然标识符只要遵循标识符的命名规则即可，但是行业内对 Java 标识符形成了以下默认的规范：

（1）包名一般用小写字母和少量的数字组成，如：org、shan、dao 等，最好是组织名、公司名或功能模块名。常见的包名如：net. vschool. user、net. vschool. user. dao 等。

（2）类名和接口名一般由一个或几个单词组成，遵循"小驼峰规则"，即当变量名或函数名是由一个或多个单词连结在一起，而构成唯一识别字时，首字母以小写开头，每个单词首字母大写，但第一个单词除外。如：myFirstName、helloWorld 等。

（3）方法名除了第一个单词首字母小写外，其他单词都是首字母大写，与类名取名类似，即小驼峰规则：如 toSend。

（4）属性名如果是基本数据类型的变量一般小写，引用数据类型的变量一般与类名取名类似，如"int name"或者"String PersonModel"等。只有局部变量可以简写，如"int i;"或"int j;"等。

# 任务 2.2　数据类型的选择

## 2.2.1　任务分析

Java 是强类型语言，所有变量必须指定数据类型，变量的数据类型决定了该变量在内存中占用空间的大小和计算精度，也决定了该变量能够执行该数据类型允许的操作。变量名确定后，还必须为每个变量选择合适的数据类型。

## 2.2.2　知识储备

Java 语言中定义 8 种基本数据类型，如图 2-2 所示。

### 1. 整型类型

整型用来存储整数，有 3 种表示形式。

（1）十进制整数：以 1～9 开头，其表示方法和我们日常所使用的数据一样，如

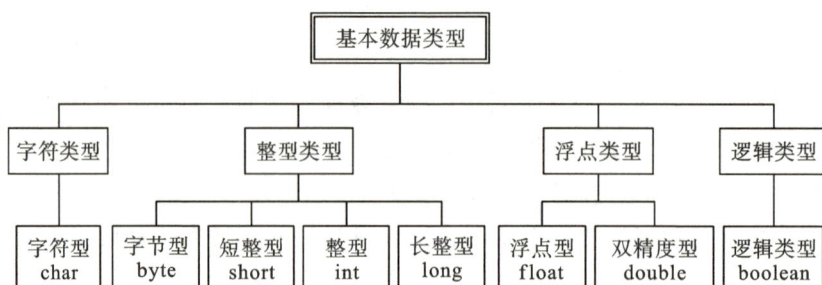

图 2-2　Java **基本数据类型**

123、−123、0。

（2）八进制整数：以 0 开头，各数位上的数字只能是 0～7，如 0123、−0123。

（3）十六进制整数：以 0x 或 0X 开头，各数位上的数字可以是 0～9 和 a～f，如 0x123、−0x123。

整型数据根据取值范围、占用内存大小不同，可以分为表 2-4 所列的 4 种类型。

表 2-4　**整型数据类型**

| 整型类型 | 占用内存 | 取值范围 |
|---|---|---|
| 字节型（byte） | 8 | −128～127 |
| 短整型（short） | 16 | −32768～32767 |
| 整型（int） | 32 | −2147483648～2147483647 |
| 长整型（long） | 64 | −9223372036854775808～9223372036854775807 |

**2. 浮点类型**

浮点型数据也称为实型数据，用来表示实数，实数有两种表示形式。

（1）十进制数形式：由数字和小数点组成，且必须有小数点，例如 0.123、.123、123.、123.0 等。

（2）科学计数法形式：例如 123e3、123E3，其中 e 或 E 之前必须有数字，且 e 或 E 后面的指数必须为整数。

浮点类型的变量在 Java 中有两种类型：单精度 float 和双精度 double，例如：

```
float float1;
float float2＝1.23f;
double double1;
double double2＝1.2e3;
```

float 类型的数据有一个后缀 f 或 F，否则默认为 double 类型数据。

### 3. 字符类型

Java 中存储单个字符的数据类型是 char，它在内存中占用 16 位存储空间，形式上和 C/C++ 语言是相似的。需要注意，Java 中的 char 与 C/C++ 中的 char 是不同的。在 C/C++ 中，char 的取值由 8bits 整数来代表，而 Java 则使用 Unicode 码代表字符。字符型变量的定义方法如下。

char ch1；

char ch2＝'A'；

char 类型变量值必须使用一对单引号括起来，而且一定要是英文状态下的单引号。

Java 语言中字符型除包括普通字符以外还包括转义字符，所谓转义字符就是用来表示一些有特别含义的字符，表 2－5 列出了 Java 中的转义字符。

表 2－5 Java 常用的转义字符

| 转义字符 | 含义 |
|---|---|
| \ r | 回车，相当于 return |
| \ n | 换行 |
| \ f | 走纸换页 |
| \ t | 垂直制表符，相当于【Tab】键 |
| \ b | 退格，相当于 Backspace |
| \ ddd | 1～3 位八进制数所表示的字符(ddd) |
| \ uxxxx | 1～4 位十六进制数所表示的字符(xxxx) |

在 Java 中，char 表示 Unicode 编码方案中的字符，其设计目的是为了简化对非罗马语系字符的处理，并采用双字节编码。\ uxxxx 是 Java 中的字符编码方式，其中前缀 \ u 表示该字符是 Unicode 字符，例如"汉"这个字的 Unicode 编码是 \ u6C49。

### 4. 逻辑类型

逻辑类型用 boolean 表示，也称为布尔型。逻辑类型只有两种情况：真和假。Java 逻辑类型只有两个值：true 和 false，分别对应逻辑"真"和逻辑"假"，在内存中占 8 位。例如：

boolean flag1＝true；

boolean flag2＝true；

### 5. 数据类型转换

一般情况下，不同类型的数据是不能进行互相赋值和运算的，但是在实际数据处理要实现不同类型的数据参与运算，就必须考虑数据类型之间的转换。

数据类型转换是指将某个数值从一种数据类型更改为另一种数据类型的过程。在
Java语言中，数据类型转换包括两种方式：自动类型转换和强制类型转换。

1）自动类型转换

自动类型转换是系统自动实现数据类型转换的方式，又称自动数据类型转换。这
种转换方式必须满足以下两个条件。

（1）两种类型是兼容的。整型和字符型是彼此兼容的，但是数字类型和逻辑类型是
不兼容的，字符类型和逻辑类型也是不兼容的。

（2）目的数据类型比源数据类型要高级，也就是说目的数据类型的取值范围比原数
据类型的取值范围要大。基本数据类型的优先级如图2-3所示。

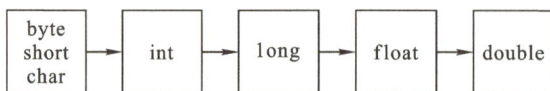

图2-3  基本数据类型的优先级

2）强制类型转换

将高级数据类型转换为低级数据类型，自动类型转换不会进行，需要显式地进行
强制类型转换，采取被称为"变窄转换"的转换方式，也就是说将源数据类型的值变小
才能适合目标数据类型。强制类型转换格式如下：

（target-type）value

其中，target-type是目标类型，例如：

```
byte num1;
double num2= 214.159;
num1 = (byte)num2;
```

转换过程如图2-4所示。

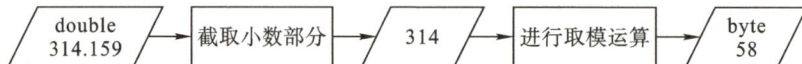

图2-4  将 double 转换成 byte

## 2.2.3  任务实施

在确定了变量名后还要确定变量各自的数据类型。由于 int 型整数和 double 型浮
点数使用最普遍，我们把该项目中的整数定义成 int 型，浮点数定义成 double 型。学
生姓名是字符串，定义成 String 型。因此，定义这些变量的数据类型如下：

```
final int NUM = 32; //定义转换常量
```

int centigrade；//用于输入摄氏温度

int fahrenheit；//用于输入华氏温度

int select；//用于功能选择

## 2.2.4　知识拓展

字符串是程序设计中的常用数据类型。字符串不是字符数组，也不是Java语言的基本数据类型，而是引用数据类型，所有字符串都是 String 类的对象。由于字符串是最常用、最重要的数据类型之一，Java 程序中可以像使用基本数据类型那样声明字符串变量，并对其直接赋值。

### 1. 字符串字面值

字符串字面值是包含在“”内的一组字符，前面例子中的输出语句System. out. println()已经使用过字符串。字符串中字符的个数称为字符串的长度，长度为 0 的字符串称为空串。例如，下列都是合法的字符串字面值：

“Hello　World!”

“您好!”

“ ”//字符串中有 1 个空格字符，长度为 1

“”//空串，长度为 0

null//不指向任何实例的空对象

除了普通字符以外，字符串字面值中还可以包含转义序列字符。例如：
System. out. println(“Line 1 \ nLine 2”)；//其中 \ n 为换行符

### 2. 字符串变量

字符串变量声明的格式如下：

String 变量名；

变量声明以后就可以对其赋值。例如：

String s1＝“Hello World!”，s2；//声明 String 型变量 s1 和 s2，同时给 s1 赋值

s2＝“您好!”；//给 s2 赋值

### 3. 字符串运算

＋运算能将两个字符串连接成一个新的字符串。例如：

String s1＝“Java”，s2＝“Language”；

String s3＝s1＋s2；//s3 为“JavaLanguage”

System. out. println（“ s3 的值为:”＋ s3）；//输出字符串“ s3 的值为：JavaLanguage”

如果＋运算中一个数为字符串，另一个数为其他数据类型，则先将其他数据类型

隐式转换成字符串，然后连接这两个字符串。例如：

String s＝"逻辑真值是:"＋true；//先将 true 转换成"true"，然后连接

int i＝10；

System. out. println("i＝"＋i)；//先将 i 的值 10 转换成"10"，然后连接。

# 任务 2.3　运算表达式的执行

## 2.3.1　任务分析

实现两类温度值转换可以分为两种情况：将华氏温度转换为摄氏温度，知道了华氏温度 fahrenheit，知道了转换常量值 NUM，可以根据转换公式进行摄氏温度值计算；同样，将摄氏温度转换为华氏温度，知道了摄氏温度 centigrade，知道了转换常量值 NUM，可以根据转换公式进行华氏温度值计算。为了正确执行上述运算，必须熟悉 Java 的运算种类和运算符。

## 2.3.2　知识储备

运算符是描述数据运算的符号，Java 提供了丰富的运算，包括算术运算、关系运算、逻辑运算、赋值运算等，另外这些运算之间还有优先级和结合性。

### 1. 算术运算

算术运算符包括：＋(加号)、－(减号)、＊(乘号)、/(除号)、%(除模取余)，主要用于数学表达式中，其功能和用法与数学中的含义一样，但在具体操作过程中需要注意以下几个方面。

(1)整数之间的除法运算(运算符为/)：结果将舍弃小数部分，忽略四舍五入，最终结果为除法结果的整数部分。

(2)除模取余运算(运算符为%)：只在整数数据间进行，结果为整数除法运算后的余数。

(3)浮点型数据的算术运算：运算结果与操作数中较高级的数据类型一致。由于小数位数的限制，浮点数据运算的最终结果可能同实际运算结果有一定误差，只能尽量接近实际结果。

(4)除以零或对零进行求余运算：整型除以 0 或取模，运行时会抛出 java. lang. ArithmeticException 异常。对一个浮点数据进行除以零或对零求余运算，运行时不会抛出异常，而会得到表示无穷大(Infinity)、无穷小(－Infinity)的特殊值。

### 2. 关系运算

关系运算符用于比较两个同类型(或兼容类型)值之间的大小关系。关系运算符主

要有：＞（大于）、＜（小于）、＞＝（大于等于）、＜＝（小于等于）、＝＝（等于）、！＝（不等于）。其中，＝＝和！＝运算符适用于所有基本数据类型的数据，而＞、＜、＞＝、＜＝运算符只能作用于整型、浮点型、字符型这几种数据类型的数据。整型和浮点型数值的比较直接通过比较数值大小就可以，而字符型的数据则是先转换成整数数据后再比较两个整数数据的大小关系。

关系运算符的结果是一个布尔值 true 或 false。例如：

```
System.out.println(-15>12);  //结果为 false
System.out.println(30.5<=315.5);  //结果为 ture
```

### 3. 位运算符

位运算符用来对二进制位进行操作，Java 语言提供了以下位运算符。

#### 1）位移运算符

右移运算符＞＞：将操作数的二进制向右移动指定的位数。当操作数为正数时，在操作数左边补"0"；操作数为负数时，在操作数左边补"1"。

左移运算符＜＜：将操作数的二进制向左移动指定的位数。不管操作数是正数还是负数，均在操作数右边补"0"。

右移添零运算符＞＞＞：将操作数的二进制向右移动指定的位数，并用"0"来填补移动的位置。

#### 2）按位运算符

按位与运算符 &：对两个操作数的二进制按位分别进行与（AND）操作。

按位或运算符｜：对两个操作数的二进制按位分别进行或（OR）操作。

按位异或运算符 ^：对两个操作数的二进制按位分别进行异或（XOR）操作。

按位取反运算符～：对操作数的二进制按位分别进行取反（即把 1 变为 0，把 0 变为 1）操作。按位运算的规则如表 2－6 所示。

表 2－6　按位运算规则

| 按位与 & | | | 按位或 ｜ | | | 按位异或 ^ | | | 按位取反～ | |
|---|---|---|---|---|---|---|---|---|---|---|
| 操作数 | 操作数 | 运算结果 | 操作数 | 操作数 | 运算结果 | 操作数 | 操作数 | 运算结果 | 操作数 | 运算结果 |
| 0 | 0 | 0 | 0 | 0 | 0 | 0 | 0 | 0 | 0 | 1 |
| 0 | 1 | 0 | 0 | 1 | 1 | 0 | 1 | 1 | 1 | 0 |
| 1 | 0 | 0 | 1 | 0 | 1 | 1 | 0 | 1 | | |
| 1 | 1 | 1 | 1 | 1 | 1 | 1 | 1 | 0 | | |

#### 4. 逻辑运算符

逻辑运算符是指能参加布尔逻辑运算的运算符号。布尔逻辑运算符的运算数只能是布尔型，且其结果也是布尔型。逻辑运算符包括如下：

&&(逻辑与)：二元运算符，实现逻辑与。

||(逻辑或)：二元运算符，实现逻辑或。

^(逻辑异或)：二元运算符，实现逻辑异或。

!(逻辑非)：一元运算符，实现逻辑非。

对于逻辑运算，从左到右进行计算。对或运算，如果左边表达式的值为 true，则整个表达式的结果为 true，不必对运算符右边的表达式再进行运算；对与运算，如果左边表达式的值为 false，则不必对右边的表达式求值，整个表达式的结果为 false。逻辑运算的规则如表 2-7 所示。

表 2-7　逻辑运算规则

| &&(逻辑与) | | | \|\|(逻辑或) | | |
| --- | --- | --- | --- | --- | --- |
| 操作数 | 操作数 | 运算结果 | 操作数 | 操作数 | 运算结果 |
| true | true | true | true | true | true |
| true | false | false | false | true | true |
| false | true | false | true | false | true |
| false | false | false | false | false | false |
| ^(逻辑异或) | | | !(逻辑非) | | |
| 操作数 | 操作数 | 运算结果 | 操作数 | 运算结果 | |
| true | true | false | true | false | |
| true | false | true | false | true | |
| false | true | true | | | |
| false | false | false | | | |

#### 5. 其他运算符

除了上面四类运算符之外，Java 语言中还经常用到下面几种运算符。

##### 1)赋值运算符

赋值运算符的功能就是将某种类型的数据值赋给指定的变量，或在不同的变量之间传递相同的数据值，直接使用等号(=)就可以了。例如：

```
int a;
int b=10;
a=b;
```

使用赋值运算符需要注意变量的类型必须与表达式的类型一致，否则就会出错。

2）条件运算符

条件运算符属于三目运算符，它需要 3 个操作数参与运算，格式如下：

expression1? expression2：expression3

其中，expression1 是一个布尔表达式。如果 expression1 为真，那么 expression2 被求值，并将其结果赋值给对应的变量；如果 expression1 为假，那么 expression3 被求值，并进行赋值。例如：

int flag = （10＞8)？ 1：0；

由于表达式 10＞8 的结果为 true，因此 flag 的结果就是 1。

3）自增减运算符

＋＋、－－是单目运算符，自动将变量的值加 1 或减 1。自增减运算符分有前缀和后缀两种形式，前缀形式表示先自增（自减）再引用；后缀形式表示先引用再自增（自减）。例如：

前缀形式　＋＋a　等价于　a＝a＋1

　　　　　－－a　等价于　a＝a－1

后缀形式　a＋＋　等价于　a＝a＋1

　　　　　a－－　等价于　a＝a－1

在使用自增或自减运算时应注意以下几个方面：

（1）＋＋和－－的运算对象只能是变量（或运算结果是变量的表达式），不能是常量（或运算结果是数值的表达式）。

例如：5＋＋、（a＋2）＋＋不合法。

（2）具有右结合性，结合方向为从右到左。

例如：－a＋＋　等价于　－（a＋＋）

（3）如果有多个运算符连续出现时，系统会尽可能多地从左到右将字符组合成一个运算符

例如：i＋＋＋j　等价于　（i＋＋）＋j

－i＋＋＋－j　等价于　－（i＋＋）＋（－j）

## 6. 表达式

表达式是运算符、变量、值、方法调用等元素的任意有效组合，每个表达式经过运算最终都是一个值，Java 语言的表达式主要如表 2－8 所示。

表 2－8　Java 表达式

| 表达式类型 | 运算符 |
|---|---|
| 算术表达式 | ＋、－、＊、／、％、＋＋、－－ |
| 关系表达式 | ＞、＜、＞＝、＜＝、＝＝、！＝ |
| 位运算表达式 | ＞＞、＜＜、＞＞＞、＆、^、｜、～ |
| 逻辑表达式 | ！、^、＆＆、｜｜ |

表达式中不同运算的计算顺序按照运算符的优先级和结合性进行，即先计算优先级高的运算符，相同级别的运算符按结合性的顺序执行。如果表达式中有括号，先计算括号中的运算。各种运算符的优先级从高到底如表 2－9 所示。

表 2－9　各种运算符的优先级

| 优先级 | 运算符 | 综合性 | 说明 |
|---|---|---|---|
| 1 | （ ） []　. | 从左到右 | 圆括号被用来改变运算的优先级；方括号用来表示数组的下标；点运算符用来将对象名和成员名连接起来 |
| 2 | ＋（正号）　－（负号） | 从右向左 | 单目运算符 |
| 3 | ＋＋　－－　！　～ | 从右向左 | 单目运算符 |
| 4 | new | 从左到右 | 内存分配运算符 |
| 5 | ＊　／　％ | 从左到右 | 算数运算符 |
| 6 | ＋（加）　－（减） | 从左到右 | 算数运算符 |
| 7 | ＜＜　＞＞　＞＞＞ | 从左到右 | 位移运算符 |
| 8 | ＜　＜＝　＞　＞＝ | 从左到右 | 关系运算符 |
| 9 | ＝　！＝ | 从左到右 | 关系运算符 |
| 10 | ＆（按位与） | 从左到右 | 按位运算符 |
| 11 | ^ | 从左到右 | 按位运算符 |
| 12 | ｜ | 从左到右 | 按位运算符 |
| 13 | ＆＆ | 从左到右 | 逻辑运算符 |
| 14 | ｜｜ | 从左到右 | 逻辑运算符 |
| 15 | ？: | 从右向左 | 选择运算符 |
| 16 | ＝　＋＝　－＝　＊＝　／＝　％＝　^＝ | 从右向左 | 扩展赋值运算符 |
| 17 | ＆＝　｜＝　～＝　＜＜＝　＞＞＝　＞＞＞＝ | 从右向左 | 扩展赋值运算符 |

当表达式中混合使用不同数值类型时，在运算过程中将把精度低的类型升级转换为精度高的类型，例如，int 型与 long 型运算，将把 int 型转换为 long 型；int 型与 double 型运算，将把 int 型转换为 double 型。

### 2.3.3　任务实施

如果输入的华氏温度值保存在变量 fahrenheit 中，摄氏温度值保存在 centigrade 中，常量值 NUM，两种温度值相互转换可以通过以下表达式计算：

centigrade ＝ (int)(5.0 / 9.0 ＊ (Fahrenheit－NUM))；//华氏温度转换成摄氏温度

fahrenheit ＝ (int)(9.0 ＊ centigrade / 5.0 ＋ NUM)；//摄氏温度转换成华氏温度

# 任务 2.4　编写代码

### 2.4.1　任务分析

Java 语言变量必须先声明后赋值，声明和赋值都是在语句中实现的。按揭贷款计算程序中，必须先声明每个变量，在声明语句中指定变量的数据类型。变量指定为什么数据类型，就只能保存什么类型的值。

温度转换计算是一个复杂的表达式，经过计算得到一个 double 型的结果，这个结果还要保存到变量 centigrade 或 fahrenheit 中。表达式的结果保存到变量中是通过赋值语句实现的。事实上，在温度转换计算程序中，每个变量都要通过赋值语句保存输入值或者计算结果。

### 2.4.2　知识储备

Java 程序由语句组成，每个语句是一个完整的执行单元，以分号结尾。Java 语句可以分为声明语句、表达式语句、流程控制语句和复合语句。

#### 1. 声明语句

所有变量在使用前必须声明其数据类型，格式如下：

数据类型 变量名；

数据类型可以是任何一种基本数据类型，例如：

int i；//将 i 声明为 int 型变量 i

boolean b；//声明了 boolean 型变量 b

变量声明中的数据类型指出了变量能保存的数据类型，例如，int 型变量只能保存 int 型整数，不能保存浮点数，boolean 型变量只能保存布尔值。

基本数据类型变量声明后，系统为变量分配内存单元，内存单元的大小取决于变量的数据类型。这时变量还没有值。变量声明后，其数据类型就不能改变，不能再次声明同名的变量。如果几个变量是相同的数据类型，也可以一起声明，中间用逗号分隔。例如：

int a，b，c；

使用变量前必须对变量赋值，首次对变量赋值称为初始化变量，格式如下：

变量名 = 表达式；

其中变量名必须是已经声明过的，表达式由值、运算符、变量组成，表达式的最终运算结果是两个值。例如，下列语句对 int 变量 i、boolean 变量 b、double 型变量 annualInterest 赋值：

i＝5 * (3/2)＋3 * 2；

b ＝false；

annualInterest＝0.05；

可以在声明变量的同时初始化变量，还可以一起声明并初始化多个变量，此时，变量之间用逗号分隔。例如：

int j，k = 1，sum = 0；

变量初始化后还可以对变量重新赋值，重新赋值后新的值覆盖原来的值。

### 2. 表达式语句

表达式后面加分号，构成了表达式语句。包括赋值表达式、变量的＋＋和＋＝运算、方法调用、对象创建等。例如：

int a ＝ 1＋2；//赋值语句

a＋＋；//相当于 a ＝ a＋1；

System. out. println(“Hello World!”)；//方法调用语句

Person p ＝ new Person()；//对象创建语句

### 3. 控制流语句

流程控制语句用来控制语句的执行顺序，流程控制语句主要有分支语句和循环语句，例如 if 分支语句、for 循环语句等。

### 4. 数据的输入/输出

输入/输出(I/O)是 Java 程序的重要组成部分，提供了人机交互的手段。常用的数据输入/输出有两种方法：通过控制台输入/输出数据和通过对话框方式实现输入/输出。

#### 1)通过控制台输入/输出数据

Scanner 是自 SDK1.5 新增的一个类，该类在 java. util 包中，可以使用该类创建一个对象。

Scanner reader＝new Scanner(System. in)；

以上语句可生成一个 Scanner 类对象 reader，然后借助 reader 对象调用 Scanner 类中的方法可输入各种类型数据。输入数据的方法如下：

(1)方法 nextInt()：输入一个整型数据。

(2)方法 nextFloat()：输入一个单精度浮点数。

(3)方法 nextLine()：输入一个字符串。

2)通过对话框方式实现输入/输出

Java 通过 javax.swing.JOptionPane 类可以方便地实现向用户发出输入/输出消息。JOptionPane 类提供的主要输入/输出方法如下：

(1)方法 showConfirmDialog()：用于询问一个确认问题，如 yes/no/cancel。

(2)方法 showInputDialog()：用于提示要求某些输入。

(3)方法 showMessageDialog()：告知用户某事已发生。

(4)方法 showOptionDialog()：上述 3 项的统一。

上述方法的参数，可以查阅 API 文档；对话框方式是一种图形界面的编程，更多的图形界面输入/输出设计将在本书图形用户界面设计中详细介绍。

## 2.4.3 任务实施

通过 java.util.Scanner 可以从控制台读取温度转换所需的输入数据，使用 System.out.println()可以把计算结果显示出来，这样，在完成前述任务的基础上，就可以编写出完整的程序。参见下列代码 heatprogarm.java。

```java
import java.io. * ;
import java.util. * ;
class heatprogarm {
    public static void main(String[] args) {
        final int NUM = 32；// 定义常量
        float centigrade；// 用于输入摄氏温度
        float fahrenheit；// 用于输入华氏温度
        int select；// 用于功能选择
        System.out.println(" * * * * * * * * * * 华氏与摄氏温度转换 * * * * * * * * * * ");
        System.out.println(" * 1. 华氏→摄氏，2. 摄氏→华氏 * ");
        System.out.println(" * * * * * * * * * * * * * * * * * * * * * * * * * * * * * * * * * * * * ");
        System.out.println("请输入您的选择:");
        Scanner ht = new Scanner(System.in);
        select = ht.nextInt();
```

```
switch (select) {
case 1：
        System.out.println("请输入华氏温度:");
        fahrenheit = ht.nextInt();
        ht.close();
        // 华氏温度转换成摄氏温度
        centigrade = (int) (5.0 / 9.0 * (fahrenheit - NUM));
        System.out.println("转换成摄氏温度:" + centigrade + "\n");
        break;
case 2：
        System.out.println("请输入摄氏温度:");
        centigrade = ht.nextInt();
        ht.close();
        // 摄氏温度转换成华氏温度
        fahrenheit = (int) (9.0 * centigrade / 5.0 + NUM);
        System.out.println("转化成华氏温度:" + fahrenheit + "\n");
        break;
    }
  }
}
```

该程序运行后的结果见图 2-1。

## 2.4.4 知识拓展

下面列出了有关 Java 编码规范的部分内容。

(1)为了使整个程序结构更加清晰，可以在关键词和操作符之间加适当的空格。相对独立的程序块与块之间加空行。

(2)较长的语句、表达式等要分成多行书写，同时划分出的新行要进行适当的缩进(用制表符)，使排版整齐，语句可读。

(3)若出现较长的表达式或语句，或者方法、过程中的参数较长，则要进行适当的划分。

(4)一行只写一条语句。

(5)避免使用不易理解的数字，不要使用难懂的、技巧性很高的语句。

(6)语句中的代码要采用缩进风格。关系较为紧密的代码应尽可能相邻。编写程序块时'{'和'}'应各独占一行并且位于同一列，同时与引用它们的语句左对齐。

(7)在必要的地方注释，注释量要适中。注释的内容要清楚，简单明了，含义准确，防止注释的二义性。保持注释与其描述的代码相邻，即注释的就近原则。对代码的注释一般放在其上方相邻位置，不可放在下面。对数据结构的注释应放在其上方相邻位置，不可放在下面；对结构中的每个域的注释应放在此域的右方；变量、常量的注释尽量放在其上方相邻位置或右方。修改代码时应修改相应的注释，以保证注释与代码的一致性。

(8)编写代码时要注意随时保存，并定期备份，防止由于断电、硬盘损坏等原因造成代码丢失。

(9)合理地设计软件系统目录，方便开发人员使用。

(10)在同一项目组或产品组中，要统一编译开关选项，打开编译器的所有警告开关对程序进行编译。

至于其他的编码规范，请参考 Oracle 公司的官方网站：https://www.oracle.com/。

# 习 题

## 一、填空题

1. 将两个数相加，生成一个值的语句称为_____。

2. 数据类型转换方式分为自动类型转换和_____两种。

3. 3.14156F 表示的是_____。

4. 设 a＝16，则表达式 a＞＞＞2 的值是_____。

5. 设 a＝3，则语句 a＝a＋＋；执行后 a 的值是_____，语句 a＝＋＋a；执行后 a 的值是_____。

## 二、选择题

1. 在 Java 中，以下错误的变量名是(    )。

A. constant                    B. flag

C. a＿b                        D. final

2. 以下选项中属于合法的 Java 标识符的是(    )。

A. public                      B. 3num

C. name%                       D. ＿age

3. 在 Java 中，byte 数据类型的取值范围是(    )。

A. －128～127                  B. －228～128

C. －255～256                  D. －255～255

4. 下面的代码段中，执行之后 i 和 j 的值是(    )。

```
int i=1;
int j;
j=i++;
```

A.1，1                    B.1，2
C.2，1                    D.2，2

5. 下面 Java 代码的执行结果是（        ）。

```
public class Test {
public static void main(String args[]) {
System.out.println(100 % 3);
System.out.println(100 % 3.0);
}
}
```

A.1  1.0                  B.1   1
C.1.0  1.0                D.33  33.3

6. 下面的赋值语句中错误的是（        ）。

A. float f = 11.1;          B. double d = 5.3E12;

C. double d = 3.14159;      D. double d = 3.14D;

7. 在 Java 中，下面（        ）语句能正确通过编译。

A. System.out.println(1+1);    B. char i = 2+′2′+i; System.out.println(i);

C. String s = "on"+′one′;      D. int b=255.0;

8. 以下 Java 运算符中优先级别最低的选项是（        ）。

A. 赋值运算符＝                 B. 条件运算符 ?＝

C. 逻辑运算符｜                 D. 算术运算符＋

9. 有以下方法的定义，请选择该方法的返回类型（        ）。

```
method(byte x, double y) {
return  (short)x/y * 2;
}
```

A. byte                    B. short
C. int                     D. double

10. 关于以下 Java 程序中错误行的说明正确的是（        ）。

```
public class Test2 {
public static void main(String[] args) {
```

```
short s1＝1;    //1
s1＝s1＋1;    //2
s1＋＝1;    //3
System.out.println(s1);
        }
    }
```

A. 1 行错误     B. 2 行错误
C. 3 行错误     D. 1 行、2 行、3 行都错误

### 三、简答题

1. 请简述 Java 的 8 种基本数据类型及其所占内存大小。
2. 请简述数据类型转换的原理。
3. 请简述 & 和 && 的区别。
4. boolean 能转换成其他的基本数据类型吗？

### 四、编程题

1. 创建一个 Java 程序，在 main() 方法中声明各种整型的变量并赋予初值，最后将变量相加并输出结果，代码如下：

```
public class TestCase {
    public static void main(String[] args) {
        byte a = 20; // 声明一个 byte 类型的变量并赋予初始值为 20
        short b = 10; // 声明一个 short 类型的变量并赋予初始值为 10
        int c = 30; // 声明一个 int 类型的变量并赋予初始值为 30
        long d = 40; // 声明一个 long 类型的变量并赋予初始值为 40
        long sum = a + b + c + d;
        System.out.println("20＋10＋30＋40＝" + sum);
    }
}
```

编写该段代码并运行，请写出输出的最终结果。

2. 假设从 A 地到 B 地路程为 2348.4 米，那么往返 A 和 B 两地需要走多少米？

提示：由于路径数据为浮点类型，在这里定义一个类型为 double 的变量来存储单程距离，并定义一个 int 类型的变量来存储次数。另外，因为计算得到的值为 float 类型，所以可以定义一个 float 类型的变量来存储总距离。

3. 下面代码在 main() 方法中定义两个字符类型的变量，并使之相对应的 ASCII

（Unicode）值相加，最后将相加后的结果输出。

```
public class TestCase {
    public static void main(String[] args) {
    char a = ´A´; //向 char 类型的 a 变量赋值为 A，所对应的 ASCII 值为 65
    char b = ´B´; //向 char 类型的 b 变量赋值为 B，所对应的 ASCII 值为 66
    System. out. println("A 的 ASCII 值与 B 的 ASCII 值相加结果为:"+(a+b));
    }
}
```

编写该段代码并运行，请写出输出的最终结果。

4. 编写一个应用程序，计算圆的周长和面积，设圆的半径为 1.5，输出圆的周长和面积值。

5. 编写一个应用程序，定义两个类型变量 n1、n2，当 n1＝22、n2＝64 时，计算输出 n1＋n2、n1－n2、n1 * n2、n1/n2、n1％n2。

# 项目三
## 学生成绩管理系统的实现

　　程序流程控制是指控制程序的执行步骤，这是计算机程序设计的重中之重。计算机程序实质上就是按照一定的业务数据处理流程来执行各种指令，从而达到解决问题的目的。顺序结构、选择结构和循环结构是计算机结构化程序设计的三种基本结构，有效地实现了对复杂流程逻辑化处理。

### 知识目标

　　了解结构化程序设计的基本结构。
　　掌握 Java 语法中程序控制语句的使用方法。
　　掌握 Java 语法中数组的定义。
　　掌握 Java 程序设计中数组的常用操作。

### 能力目标

　　对具体业务流程分析，培养学生的逻辑思维能力和编程能力。
　　由简单到复杂的结构化设计，培养学生举一反三、独立分析的职业素养及精益求精的质量意识。
　　学习认知规律，引导学生主动探究、动手实践操作，培养发现问题和解决问题的能力。
　　培养学生坚持、严谨、诚信、合作、精益求精等程序员工匠精神。

📡 **情境描述**

某软件公司为某高校开发一套学生成绩管理系统，该系统要求实现以下功能：

①信息录入：录入学生成绩信息(包括学生学号、姓名、各三门课程的成绩等)；

②成绩排序：按照平均成绩，由低分到高分进行排序，并输出排序结果。

③成绩查询：输入学号，查询学生各门课程的成绩，并显示。

④成绩统计：统计各分数段人数，并显示。

⑤删除记录：输入学号，删除该学号对应学生的信息。

通过公司对该项目需求的分析，项目包含以下任务，如表3-1所示。

表3-1  项目任务分解

| 编号 | 任务名称 | 任务内容 |
|------|----------|----------|
| 1 | 系统菜单的设计 | 采用Java语言分支结构，实现功能选择菜单的实现 |
| 2 | 学生成绩的统计 | 使用循环结构实现对输入的学生课程成绩进行统计，并输出统计结果 |
| 3 | 学生成绩的排序 | 通过对输入的学生每门课程成绩的总分计算，按照总分由高到低顺序排序输出 |

# 任务 3.1  系统菜单设计

## 3.1.1  任务分析

由于该项目子功能较多，为了便于成绩管理人员操作，系统首先需要给管理人员提供一个功能选项菜单，如图3-1所示。

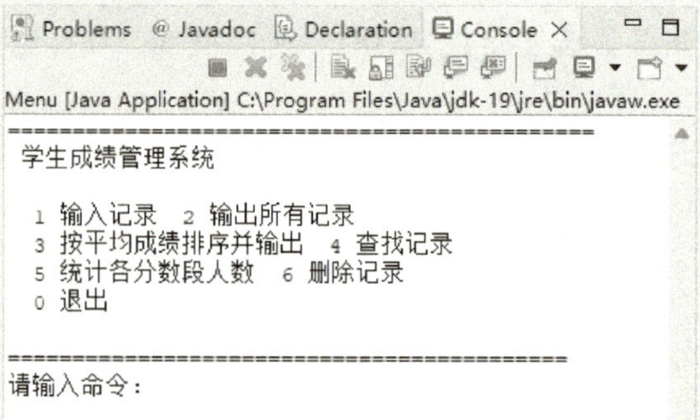

图 3-1  系统菜单

通过键盘接收所选择的功能序号，系统分别激活对应的功能模块。因此，要完成任务，必须首先熟悉 Java 语言中分支结构程序的设计和开发。

## 3.1.2 知识储备

Java 语言中选择语句就是提供一个以上的可选项以供选择，这种语句结构又称条件语句或分支语句。

### 1. if 语句

if 语句又称为条件判断语句或分支语句。它是根据一个条件提出两个进行不同处理的分支。用现实世界的逻辑思维来描述，就是"如果……，就……；否则就……"的含义。if 语句根据选择项又可分为简单分支结构、双重分支结构和多重分支结构。

(1)if 简单分支结构。

```
if(条件){
    语句序列；
}
```

在这种语法格式中，(条件)可以是一个逻辑表达式，也可以是几个逻辑表达式的组合，但结果一定是 boolean 型数据。语句序列是指任何合法的 Java 命令。

这是最简单的一种 if 语句，其运行原理是：如果(条件)的结果为 true，就执行语句序列；如果(条件)的结果为 false，则略过语句序列，直接执行后面的语句。if 语句的工作流程如图 3-2 所示。

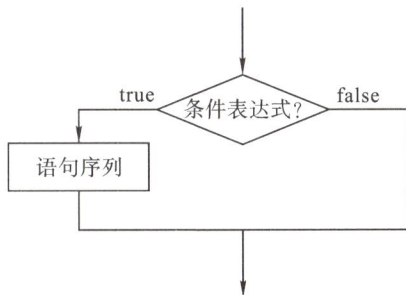

图 3-2 if 语句流程图

(2)if-else 双重分支语句。

```
if(条件){
    语句序列 1；
}else{
    语句序列 2；
}
```

在这种语法格式中，（条件）和语句序列的含义同前面一样。其运行原理是：如果（条件）的结果为 true，就执行语句中的语句序列 1；如果（条件）的结果为 false，就执行语句中的语句序列 2；不管执行哪一个语句序列，之后都直接执行"}"后的语句。if-else语句的工作流程如图 3-3 所示。

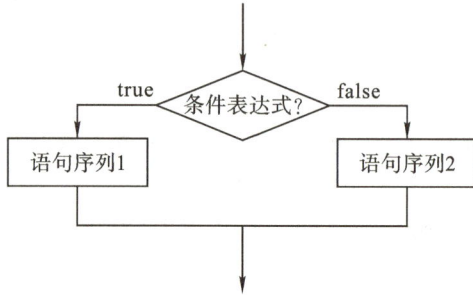

图 3-3　if-else 语句流程图

（3）if-else if 多重分支语句。在一般 if-else 语句的基础上稍加变化，可以实现更为复杂的多重分支结构。一种变化是 if-else if 结构，另一种就是 if-else 语句结构的嵌套。if-else 语句结构的嵌套，也就是在 if-else 语句结构的语句序列里，又包含 if-else 语句结构。多重分支结构的工作流程如图 3-4 所示。

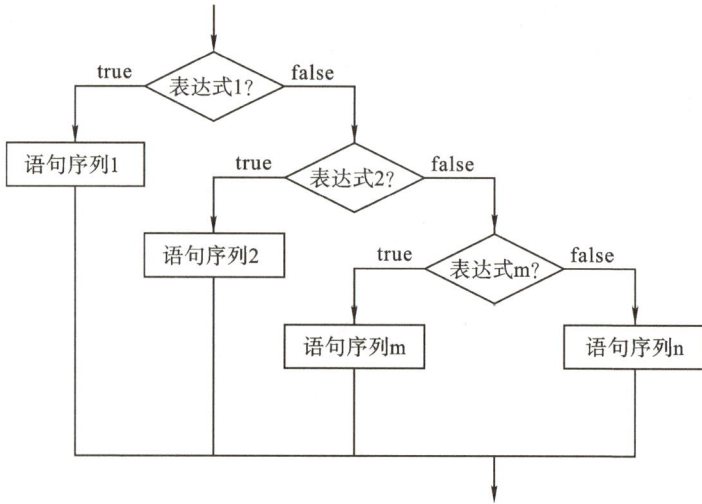

图 3-4　if-else if 语句流程图

在这个结构中有多个条件表达式，当表达式 1 满足时就执行其后的语句序列 1，否则判断表达式 2 的结果，根据值来决定是执行语句序列 2 还是继续判断表达式 m 的值，以此类推一直执行下去。

在上面的程序中，你可能感觉到了多分支处理时 if 语句的烦琐性。如果有更多的分支，如何来处理呢？Java 提供了 switch 语句来适应多条件多分支处理。

## 2. switch 语句

switch 语句又称为多条件多分支语句，可以实现对多个不同分支的分别处理。switch 语句的基本结构是：

```
switch(表达式)
{
    case 常量 1：
        语句序列 1；
        break；
    case 常量 2：
        语句序列 2；
        break；
    ……
    case 常量 n：
        语句序列 n；
        break；
    default：
        语句序列 t
}
```

在 switch 语句中，各部分的含义如下。

(1)表达式：表达式是整个 switch 语句的必要参数，表达式的值可以是 byte、short、int 和 char 类型的数据，但不能是 float 和 double 类型的数据。

(2)常量 n：常量的取值必须与表达式的取值类型一致或者兼容，各个常量的取值不允许重复，分别代表不同的分支。

(3)语句序列 n：每一个 case 语句后的语句序列，由一条或多条语句组成以实现对该分支的处理，不需要大括号。

(4)break：在 switch 语句中属于可选项，用于表示当执行完相匹配 case 语句的语句序列后跳出 switch 语句的执行，不再继续判断下面的 case 语句是否匹配。

(5)default：在 switch 语句中属于可选项，只有当所有 case 语句均不匹配时才转向 default 语句，如果没有 default 语句，则当所有 case 语句均不匹配时不执行任何操作。

(6)语句序列 t：与 default 对应，当表达式的值与所有 case 常量均不匹配时将被执行。

整个 switch 语句的执行过程是：计算表达式的值，将之与第一个 case 语句的常量

1 进行比较，如果匹配就执行后面的语句序列 1，如果有 break 语句，在执行完语句序列 1 后直接跳出 switch 语句的执行，如果没有 break 语句，则会继续执行下一个 case 语句的语句序列，而不进行匹配检验；当表达式的值与第一个 case 语句的常量 1 不匹配时，则会忽略语句序列 1，进行下一个 case 语句的匹配检验，重复上面的操作；如果所有的 case 语句均不匹配的话，则执行 default(不是必需的)下的语句序列 t。

switch 语句的工作流程如图 3-5 所示。

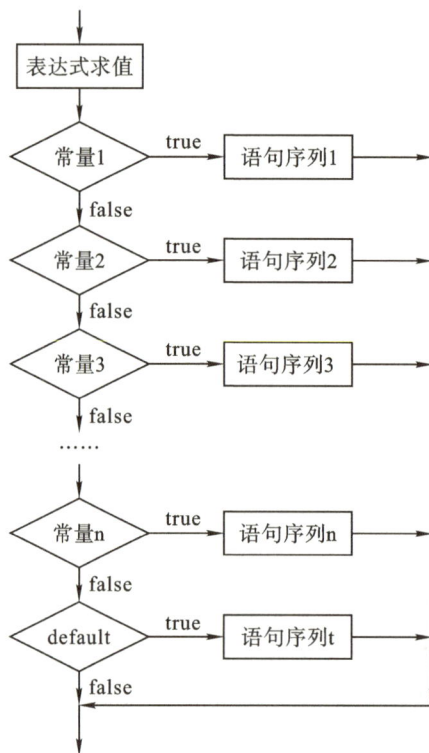

图 3-5　switch 语句流程

可以看出，在程序分支较多的情况下，使用 switch 语句是非常简单方便的，特别适合于分支较多的场合。

## 3.1.3　任务实施

由于系统菜单主要功能是实现功能选项，根据功能选项的多少和条件表达式的特点，应选择比较恰当的分支结构语句来实现。本任务中采用 switch…case 结构，不但能简化条件表达式的复杂度，而且能很好地支持菜单选项的扩展性。

switch…case 结构表达式的值 select 是通过键盘接收的功能选项值，然后匹配功能序号，即可激活菜单中的功能项。任务完整代码，可参见下列代码 Menu. java。

```java
import java.util.Scanner;
public class Menu {
    public static void main(String[] args) {
        int select;
        System.out.print("======================================");
        System.out.println();
        System.out.println(" 学生成绩管理系统 ");
        System.out.println();
        System.out.println("  1 输入记录   2 输出所有记录");
        System.out.println("  3 按平均成绩排序并输出   4 查找记录");
        System.out.println("  5 统计各分数段人数   6 删除记录");
        System.out.println("  0 退出");
        System.out.println();
        System.out.print("======================================");
        System.out.println();
        System.out.println("请输入命令:");
        Scanner reader = new Scanner(System.in);
        select = reader.nextInt();
        switch (select) {
        case 1:
            System.out.println("您选中输入记录命令!");
            break;
        case 2:
            System.out.println("您选中输出所有记录命令!");
            break;
        case 3:
            System.out.println("您选中按平均成绩排序并输出命令!");
            break;
        case 4:
            System.out.println("您选中查找记录命令!");
            break;
        case 5:
            System.out.println("您选中统计各分数段人数命令!");
            break;
        case 6:
            System.out.println("您选中删除记录命令!");
```

```
        break;
    default:
        System.out.println("您的输入不正确!");
    }
  }
}
```

# 任务3.2　学生成绩的统计

## 3.2.1　任务分析

在成绩管理系统中,有多名学生的英语、数学、计算机课程成绩需要从键盘输入,一名学生的全部课程成绩输入之后才能输入下一名学生的课程成绩,所有学生的成绩输入完成后系统自动统计3门课程成绩均在90分以上的人数。

由于任务需要重复键盘接收学生的课程成绩,并统计各门课程在90分以上的人数。因此,需要循环执行键盘接收数据语句。我们可以将需要反复执行的语句或语句序列作为循环体,采用Java程序循环语句结构实现此算法。

## 3.2.2　知识储备

循环语句的作用是反复执行同一段代码直到满足结束条件。Java循环语句有while、do-while、for三种。

### 1. while 语句

while是Java最基本的循环语句,当控制条件为真时,重复执行一条语句或语句块。

格式:

while(条件表达式)

{循环体;}

其程序流程图如图3-6所示。

执行时首先判断条件表达式的值,若值为true,则执行循环体,然后再判断表达式的值,直到表达式的值为false,结束循环。需要注意的是:

(1)该语句是先判断后执行,若一开始条件不成立,则不执行循环体。

(2)在循环体内一定要有改变条件的语句,否则会成为死循环。

图 3-6　while 语句控制程序流程图

### 2. do-while 语句

格式：

do{循环体；}
while(条件表达式);

其程序流程图如图 3-7 所示。

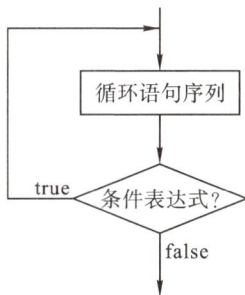

图 3-7　do-while 语句控制程序流程图

执行时首先执行一次循环体中的语句，然后测试条件表达式的值，如果表达式的值为 true，则继续执行循环体，直到条件表达式的值为 false。do-while 语句和 while 语句不同之处在于，do-while 总是先进入循环，然后检测条件，再判定是否继续循环。而 while 语句是先检测条件，再判定是否进入循环。因此，用 do-while 语句时，循环体至少被执行过一次。

### 3. for 语句

for 语句一般用于事先能够确定循环次数的场合。
格式：

for(控制变量设定初始值；循环条件；修改控制变量)
{循环体；}

其程序流程图如图3-8所示。

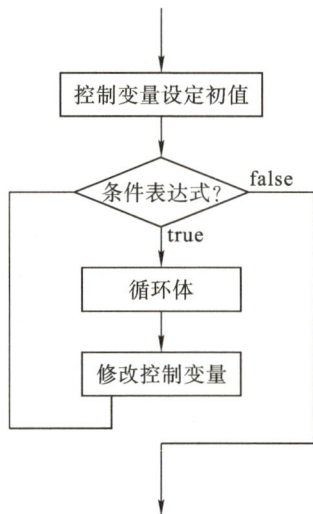

图3-8 for语句控制程序流程图

执行时先给循环控制变量赋初始值，按照循环条件表达式判断循环是否成立，即判断控制变量的值是否超过循环终止值，若成立（未超过终止值）则执行循环体，不成立（超过终止值）则结束循环。按照某种表达式计算控制变量的值，重新判断条件，决定是否再次循环。需要注意的是：

（1）在循环体内修改循环控制变量的值，可能会产生无法预知的错误。

（2）初始化、终止条件和修改变量部分都可以为空语句，但必须留有分号。三者均为空时，相当于一个无限循环。

（3）可以使用逗号，来对多个语句进行操作，如for(i=0，j=10；i<j；i++，j--)。

### 4. 循环的嵌套

一个循环体内又包含另外一个完整的循环结构，称为循环的嵌套。上述3种循环语句自身之间，相互之间都可以进行嵌套使用。

**例3-1** 在屏幕上用"*"输出一个5行10列的平行四边形。

```
class ep3_1 {
    public static void main(String args[]) {
        int x, y;
        for (x = 1; x <= 5; x++) {
            for (y = 1; y <= 5 - x; y++) {
```

```
                System.out.print(" ");
            }
            for (y = 1; y <= 10; y++) {
                System.out.print(" * ");
            }
            System.out.println();
        }
    }
}
```

运行的结果如图 3-9 所示：

```
* * * * * * * * * *
* * * * * * * * * *
* * * * * * * * * *
* * * * * * * * * *
* * * * * * * * * *
```

图 3-9　程序运行结果

## 3.2.3　任务实施

通过任务分析，我们明确了需要用循环语句处理键盘输入的多名学生的三门课程成绩。由于知道有多少名学生的课程成绩信息，所以本任务采用 while 结构，控制循环条件表达式值为 true。

同时，还需要采用判断语句以实现对三门课程成绩是否都满足 90 分以上的要求，语句结构如：

if(score1>=90 && score2>=90 && score3>=90)
count++；//count 表示统计三门课程成绩同时满足 90 分以上的人数

编写统计学生成绩的完整程序如下：

```
/* *
* File：Statistics.java
* @author Administrator
*/
import java.util. * ;
import java.lang. * ;
importjava.io. * ;
public class Statistics
```

```
{
   public static void main(String[] args)
   {
      int count = 0;
      System.out.println("请输入统计分数线:");
      int select =Console.readInt();
      while(true)
      {
         //clrscr();
         System.out.print("待输入记录的学号(输入"-1"退出):");
         int number =Console.readInt();
         if (number！=-1)
         {
            System.out.print("*姓名:");
            String name =Console.readString();
            System.out.print("*英语:");
            int english = Console.readInt();
            System.out.print("*数学:");
            int math =Console.readInt();
            System.out.print("*计算机:");
            int computer =Console.readInt();
            if(english >= select && math >= select && computer >= select)
                count++;
         }else
         {
            break;
         }
      }
      System.out.print("3门课程成绩均在" + select + "分以上的人数有" + count + "人");
   }
}
```

## 3.2.4  知识拓展

Java 支持三种跳转语句：break、continue 和 return。这些语句把控制转移到程序的其他部分。

### 1. break 语句

break 语句有三种作用。一是在 switch 语句中，用来终止一个语句序列；二是用来退出一个循环；三是可以作为类似于 goto 的跳转来使用。下面介绍后两种作用。

(1)使用 break 退出循环。在循环中可以使用 break 语句忽略循环体中的任何语句和循环条件的测试，强行退出循环。程序在循环后面的语句重新开始执行。

(2)使用 break 进行跳转。由于 goto 语句提供了一种改变程序运行流程的非结构化方式，使得程序难以阅读和维护，所以在 Java 语言中没有包含 goto。但是在一些地方 goto 还是有用的，例如从嵌套很深的循环中跳出时。为此 Java 定义了 break 语句的一种扩展形式来处理这种情况。

格式：

```
break label;
```

label 是标识代码块的标签。执行这种格式的 break 语句时，控制被传递出指定的代码块。要指定一个代码块，只需要在其语句前加上一个 Java 合法的标识符和一个冒号作为标签即可。带标签的程序块必须包含 break 语句，但不必是直接包含 break 的块，可以使用带标签的 break 语句从一组嵌套的块中退出。需要注意的是不能使用 break 将控制转移到一个不包含 break 语句的程序块中。

### 2. continue 语句

continue 语句只能在循环语句中使用，与 break 语句不同的是 continue 只能结束本次循环而不是终止整个循环的执行。

格式：

```
continue [label];
```

continue 语句通常有两种使用情况。

(1)不带标号。此时 continue 语句用来结束本次循环，即跳出循环体中 continue 语句后面的语句，回到循环体的条件测试部分继续执行。

(2)带标号。此时 continue 语句跳过标号所指的语句块中的所有余下部分语句，回到标号所指语句块的条件测试部分继续执行。

### 3. return 语句

return 语句用来使程序从方法中返回，并为方法返回一个值。

格式：

```
return 返回值;
```

如果 return 语句未出现在子方法中，则执行子方法的最后一条语句后自动返回到主方法。

# 任务 3.3　学生成绩的排序

## 3.3.1　任务分析

由于多名学生的成绩可以依线性存储方式存储在内存中，可以采用数组存储。通过反复对数组中数据即学生成绩读取，对数据可以进行统计、求和等业务需求处理。

## 3.3.2　知识储备

数组是由具有相同数据类型的元素按一定顺序排列构成的数据集合，是一种复合型数据。数组本质是相同类型变量的一个列表。数组根据维度可以分为一维数组、二维数组和多维数组。

### 1. 一维数组

(1)一维数组的声明。数组声明有下面两种方式：

数据类型 数组名[]；

如：int a[]；float b[]；

还可以这样声明：

数据类型[] 数组名；

如：int[] age；String[] name；

数组元素的类型可以是 Java 的任何一种类型。例如，已经定义了一个 People 类型，那么可以声明一个数组：

People student[]；//数组 student 中可以存放 People 类型的数据元素

(2)一维数组的创建和赋值。声明数组仅是给出了数组名字和元素的数据类型，要想真正使用数组还必须为它分配内存空间，即创建数组。在为数组分配内存空间时必须指明数组的长度。为数组分配内存空间的格式如下：

数组名[] = new 数据类型[元素个数]；

例如：

int score[] = new int[30]；//score 中每个元素的默认值为 0

String StudentName[] = new String[50]；//StudentName 中每个元素的默认值为 null

用 new 为数组分配内存后，系统自动用数据类型的默认值初始化所有的数组元素，例如整型默认值为 0，双精度型默认值为 0.0D，字符串型默认值为 null。

数组初始化定义数组的同时也为各元素赋初值。初始化工作很重要，不能使用任何未初始化的数组。例如：

int score[]={75，62，83，64，95};

数组 score 的存储结构如图 3-10 所示。

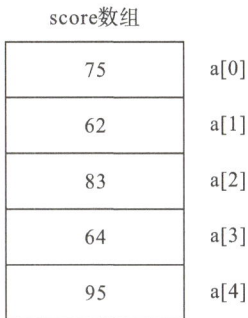

score数组

| | |
|---|---|
| 75 | a[0] |
| 62 | a[1] |
| 83 | a[2] |
| 64 | a[3] |
| 95 | a[4] |

图 3-10  数组 score 的存储结构

同时，在使用数组时应该注意以下几个方面：

①每个元素的数据类型都是相同的。

②数组中的每个元素是有顺序的，而且存储是从 0 下标开始的。

③所有元素共用一个数组名，利用数组名和数组下标来唯一地确定数组中每个元素的位置。

（3）一维数组元素的引用。数组的引用即为引用数组中的元素，通过指定下标来引用一维数组。Java 数组的下标从 0 开始，引用时不能越界。数组元素的个数作为数组对象的一部分被存储在 length 属性中，数组元素的个数一旦确定，就不能修改。一维数组的引用格式如下：

数组名［下标］；

例如：

StudentName[1];

StudentName[i]; //为整型变量

### 2. 二维数组

（1）二维数组的声明。二维数组的声明有下列两种方式：

数据类型 数组名[][]；

如：int Score[][]；

（2）二维数组的创建和赋值。为二维数组分配内存空间的格式如下：

数组名＝ new 数据类型［第一维大小表达式］［第二维大小表达式］；

或者：

数据类型 数组名[ ][ ] = new 数据类型[第一维大小表达式][第二维大小表达式];

例如，下面语句声明并创建了一个大小为 3 * 4 的二维数组：

int[ ][ ] x= new int[3][4];

创建二维数组时应注意以下两个方面：

①在分配存储空间时，数组下标可以用变量。

②二维数组中每一维的大小可不同。

例如：

int i = 3，j = 4；

int a[ ][ ] = new int[i][j]；//在创建数组时下标使用变量

int b[ ][ ] = new int[3][ ]；//在创建数组时仅确定了第一维的维数

b[0] = new int[3]；//指定第二维的维数

b[1] = new int[4]；

b[2] = new int[5]；

可以通过初始化赋值隐式的定义创建二维数组，例如：

int [ ][ ] score = {{1, 2, 3, 4}, {5, 6, 7, 8}, {9, 10, 11, 12}};

这个数组以 int 型的"矩阵"实现，类似于图 3 - 11 所示。

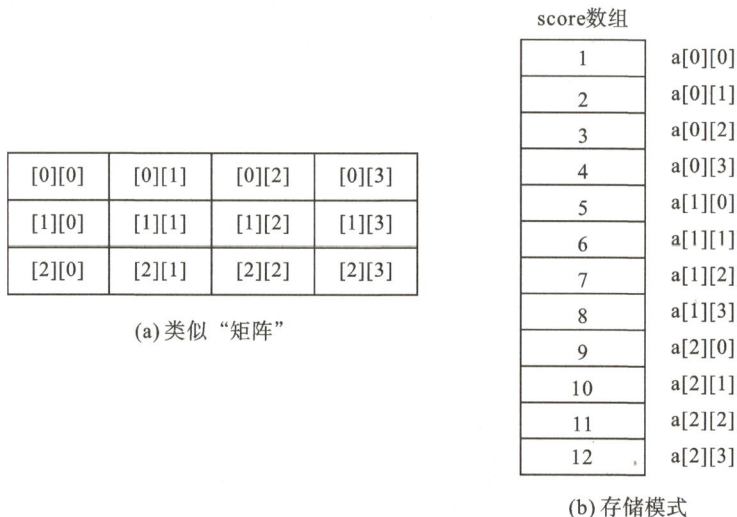

| [0][0] | [0][1] | [0][2] | [0][3] |
| [1][0] | [1][1] | [1][2] | [1][3] |
| [2][0] | [2][1] | [2][2] | [2][3] |

(a) 类似"矩阵"

score数组

| 1 | a[0][0] |
| 2 | a[0][1] |
| 3 | a[0][2] |
| 4 | a[0][3] |
| 5 | a[1][0] |
| 6 | a[1][1] |
| 7 | a[1][2] |
| 8 | a[1][3] |
| 9 | a[2][0] |
| 10 | a[2][1] |
| 11 | a[2][2] |
| 12 | a[2][3] |

(b) 存储模式

图 3 - 11  3 * 4 的二维数组

(3)二维数组元素的引用。二维数组元素的引用方式为：

数组名[下标表达式 1][下标表达式 2]

二维数组元素的行数和列数作为数组对象分别存储在 length 属性中，

arrayName.length 用于获取二维数组行数，arrayName[i].length 用于获取第 i 行的列数。

二维数组的引用格式如下：

数组名[第一维下标][第二维下标]；

## 3.3.3　任务实施

```
import java.util.*;
public class Sort {
    public static void main(String args[]) {
        int total = 0;
        int N = 3;
        int score[][] = new int[N][4];
        int t[] = new int[4];
        Scanner reader = new Scanner(System.in);
        for (int i = 0; i < N; i++) {
            total = 0;
            System.out.println("请输入第"+(i+1)+"个学生的 3 门成绩:");
            for (int j = 0; j < 3; j++) {
                score[i][j] = reader.nextInt();
                total = total + score[i][j];
                score[i][3] = total;
            }
            for (int k = 1; k < N; k++)
                // 用直接插入法按总成绩排序
                for (int j = k - 1; j >= 0; j--) {
                    if (score[j][3] > score[k][3])// 控制行数据的交换
                    {
                        t = score[k];
                        score[k] = score[j];
                        score[j] = t;
                    }
                }
            System.out.println("按总分排序后的成绩:");
            for (int n = 0; n < N; n++)
                System.out.println(score[n][0] + "" + score[n][1] + ""
                    + score[n][2] + "" + score[n][3]);
        }
    }
```

```
    }
}
```

程序的运行结果为：

请输入第 1 个学生的 3 门成绩：

78 89 85

请输入第 2 个学生的 3 门成绩：

92 89 83

请输入第 3 个学生的 3 门成绩：

78 83 91

按总分排序后的成绩：

92 89 83 264

78 89 85 252

78 83 91 252

## 3.3.4　知识拓展

实际中经常要访问数组元素，前面都是通过 for 循环的循环变量来控制数组下标的变化的，达到遍历数组元素的目的。不过这种方式比较麻烦（特别是多维数组时），一不小心还可能下标超界。有没有更简便的方法？另外，数组的排序、查找和比较也是很常见的应用，又该如何处理？下面我们来学习如何解决这些问题。

### 1. 增强的 for 循环

在通常情况下，我们都是这样来显示数组中的元素的：

```
int[] score = {20, 15, 6, 8, 38, 89, 2};
int num = score.length;
for(int i=0; i<num; i++){
    System.out.print(score[i]+"\t");
}
```

这样实现起来有些麻烦。如果是二维数组，就更麻烦了。

为了使程序更简便、可读性更强，JDK5 新增了 foreach(Enhanced for Loop)语法，其形式如下：

```
for(变量的声明：表达式){
//语句
}
```

现在，我们可以轻松实现数组元素的遍历了：

```
int[] score = {20, 15, 6, 8, 38, 89, 2};
for(int element : score){
    System.out.print(element + " \ t");
}
```

增强的 for 循环主要体现出以下特点：

(1)foreach 会自行判断是否超出了数组的长度，不用担心下标超界问题。

(2)变量的类型必须与数组的类型相同。

### 2. 数组的各种处理

为了更方便地处理数组，Java 在 java.util 包中专门提供了一个 Arrays 类，用于对数组进行各种处理。

(1)排序元素。使用 sort()方法可以对数组按照升序方式快速排序，该方法的参数代表待排序的数组，例如：

```
int[] score = {12, 36, 15, 35, 78, 91};
System.out.print();
for(int element : score)
System.out.print(element+" \ t");
System.out.print(" \ r 排序后:");
Arrays.sort(score);
for(int element : score)
System.out.print(element+" \ t");
```

使用时，你只需要将具体的数组传给 sort()方法就可以了，运行结果如下：

排序前：12　36　15　35　78　91

排序后：12　15　35　36　78　91

所谓方法，就是执行某种任务的功能单元，例如，Java 主程序总有一个 main()方法。方法有两种：一种是由 JDK 提供的，另一种是由设计者自己编写的。关于方法的更详细内容，将在项目五讨论。

(2)查找数据。Arrays 类的 Arrays.binarySearch()方法，可以对排序后的数组进行二分查找。如果找到指定的值就返回该值所在的索引(下标)，否则返回一个负值。例如下面的代码查找 cc 字符串：

```
String[] str = {"aa", "cc", "rr", "dd", "85", "82"}
Arrays.sort(str);
For(String element : str)
```

```
System.out.print(element+"\t");
Int index = Arrays.binarySearch(str,"cc");
System.out.println("\r找到了，cc位于第"+(index+1+"位置。"));
```

运行结果如下：

82　85　aa　cc　dd　rr

找到了，cc位于第4个位置。

注意：查找之前需要先进行排序，否则返回不确定结果。找到后返回的值并不是原始位置，而是排序后的位置。

（3）复制数据。如果希望将一个数组的数据复制到另外一个数组，则可以使用Arrays.copyof()方法。语法如下：

```
Arrays.copy(origina, int length)
Arrays.copyofRange(origina, int from, int to)
```

前者是从源数组复制指定长度的数据，后者则是从源数组的from下标开始，复制到to-1下标位置。例如：

```
String[] city = {"beijing","wuhan","hangzhou","shanghai",
                 "xianyang","nanjing"}
String[] copy1 = Arrays.copyof(city, 5);
String[] copy2 = Arrays.copyofRange(city, 1, 3);
for(String element: copy1)
    System.out.print(element+"\t");
System.out.print();
for(String element: copy2)
    System.out.print(element+"\t");
```

运行结果：

beijing　　wuhan　　hangzhou　　shanghai　　xianyang

wuhan　　hangzhou

（4）转换为字符串。对于一维数组，可以用Arrays.toString()方法将数组转换为字符串。对于多维数组，则需要使用深层转换方法Arrays.deepToString()。下面是一个示例：

```
int[] score = {12, 36, 15, 35, 78, 91};
int[][] x = {{1, 2, 3, 4}, {4, 5, 6, 7}, {7, 8, 9, 0}}
```

```
System.out.print(Arrays.toString(score));
System.out.print(Arrays.deepToString(x));
```

运行结果：

```
[12, 36, 15, 35, 78, 91]
[[1, 2, 3, 4], [4, 5, 6, 7], [7, 8, 9, 0]]
```

(5)比较相等性。如果希望比较两个一维数组的元素是否全部相等，则可以使用 Arrays.equals()方法，例如：

```
int[] arr1 = {1, 2, 3, 4, 5};
int[] arr2 = {1, 2, 3, 4, 5};
System.out.println(Arrays.equals(arr1, arr2));
```

运行后将输出 true。对于多维数组，则需要使用 Arrays.deepEquals()方法，使用方法与 Arrays.equals()类似。

(6)填充数据。使用 Arrays 的 fill()方法可以给整个数组填充数据，例如下面的代码将 arr 数组的 100 个元素的值都设置为 66：

```
int[] arr = new int[100];
Arrays.fill(arr, 66);
```

这个方法对于初始化数组的数据很有用！

# 习　题

## 一、填空题

1. 结构化程序的三种基本结构是：_____、_____、_____。
2. 在 for 循环中执行_____语句后终止某个循环，使程序跳到循环体外的第一个可执行语句；执行_____语句后结束当前循环进入下一次循环；执行_____语句后返回方法的值。
3. Java 中数组下标的数据类型是_____。
4. 数组的元素通过_____来访问，数组 Array 的长度为_____。
5. 数组赋值时，"="将一个数组的_____传递给另一个数组。

## 二、选择题

1. do-while 循环结构中的循环体执行的最少次数为(　　)。

A. 1                          B. 0

C. 3                          D. 2

2. 已知 y＝－2，z＝3，n＝－4，则经过 n＝n＋y＊z/n 运算后，n 的值为（      ）。

A. －12                       B. －1

C. 3                          D. －3

3. 已知 a＝－2，b＝－3，则表达式 a％b＊4％b 的值为（      ）。

A. 2                          B. 1

C. －1                        D. －2

4. 语句"while(！e)；"中的条件"！e"等价于（      ）。

A. e＝＝0                      B. e！＝1

C. e！＝0                      D. ～e

5. while 循环，条件为（      ）时执行循环体。

A. false                      B. true

C. 0                          D. 假或真

### 三、简答题

1. 请简述 break 和 continue 语句的区别。

2. while 和 do...while 的作用是什么，并说明它们的差异。

### 四、编程题

1. 编写程序，使用"＊"输出直角三角形

2. 编写程序，计算字符数组中每个字符出现的次数

3. 其实我们可以通过父母的身高大致推断出子女的身高，假定父母与子女的身高遗传关系如下：

儿子身高(厘米)＝(父亲身高＋母亲身高)×1.08÷2

女儿身高(厘米)＝(父亲身高×0.923＋母亲身高)÷2

如果已知：父亲身高 175cm，母亲身高 160cm。

请使用Java语言编写一段程序代码预测的子女身高并将结果打印输出。

# 项目四
# 银行账户管理系统的实现

学习编程的过程中，编程思想的培养是非常重要的。Java 是一门面向对象的编程语言，而面向对象编程（Object Oriented Programming，OOP）是一种程序设计思想，它将任何事物都看作程序中的一个对象。因此，在 Java 的世界里"万物皆对象"，一个个对象相互联系最终组成了完整的程序设计。

## 知识目标

理解面向对象的概念。
掌握类的创建与使用方法。
掌握方法的定义和使用。
掌握对象的基本操作方法。
掌握超类和子类的关系。

## 能力目标

对类概念的分析，培养学生能通过具体个体对象分析能够归纳同类对象共性的能力。

类的定义、对象的实现过程，引导学生自主探索学习、动手实践，培养学生诚信原则。

面向对象的编程思想讨论，培养学生团队合作、协商讨论的意识。

培养学生严谨的编程习惯、团队协作的能力和工匠精神。

### 情境描述

客户在银行办理储蓄业务时，首先在银行注册产生一个账户，账户信息包括用户的账户号、密码、存款金额以及用户个人资料（如姓名、性别、年龄等信息）。面向对象的程序设计思想使我们很容易把这些信息组织到一起，完成相应的操作。将这些信息都放在账户类中，每当用户注册后系统就创建一个账户类的对象，这些对象最好存储在数据库或文件中，但基于对知识的认知过程，这部分内容将在后续项目中讲述，可以把这些对象先存储到集合框架中，这样的缺点是每次程序重新启动都要把账户已经注册的信息重新注册。

本项目任务是开发一个银行账户管理系统，该系统的主要功能是账户号、密码通过验证后，就可以实现存款、取款、查询余额、修改密码、查询用户信息等操作。

本项目所涉及的知识包括：类的定义、对象的实现和使用、面向对象编程的基本思想和系统类库的使用等。

本项目包括以下任务，如表4-1所示。

表4-1　项目任务分解

| 编号 | 任务名称 | 任务内容 |
|---|---|---|
| 1 | 银行账户类的实现 | 定义一个账户类 |
| 2 | 账户对象的实现 | 创建一个账户对象 |
| 3 | 不同类型账户类的实现 | 通过继承技术实现不同账户类，并创建该账户对象 |
| 4 | 工具类的实现 | 通过抽象类实现对账户类进行的建立账户、转账、销账操作 |
| 5 | 程序异常处理 | 完善系统运行过程中的异常处理 |
| 6 | 项目工程结构实现 | 完成项目文件结构优化 |

# 任务 4.1　银行账户类的实现

## 4.1.1　任务分析

用户到银行办理业务，银行会给用户建立一个账户。银行账户的信息包括账户号、客户姓名、客户密码、账户金额等信息，账户号是唯一标识用户银行账户的信息。客户可以对银行账户完成设置账户号、账户姓名、账户密码等行为。本任务中创建Account类，把银行卡信息以及对这些信息的操作抽象一个类，该类中不仅包含账户的基本信息，而且包含对账户实施的操作行为。

## 4.1.2 知识储备

面向对象编程的出现以 20 世纪 60 年代的 Simula 语言为标志。20 世纪 80 年代中后期，OOP 逐步成熟，被计算机界广为理解和接受。现在 OOP 技术是计算机信息系统开发的首选技术。

### 1. 关于类的知识

类是对象的集合体，是对象的模板。例如，每家每户的电话机都具有打电话这个功能，这就是具有相同特征和行为的一类事物，它描述了一组对象（每家每户的电话机）的共同属性和行为（打电话）。因此，类实际是本质上相同对象的统称，是构造对象时所依赖的规范。这里有一点容易混淆的地方：有人可能会说学生、电话、电视机是对象吧？不对，电视机是类，张三家的电视机才是对象。

（1）类的创建。类的实现包括两部分：类声明和类体。其格式如下：

```
［类修饰符］class 类名
{
    类体
}
```

例如，下面定义了一个 Account.java 类：

```
public class Account {//类声明
    private String code = null; //类体开始
    private String name = null;
    protected String get _ Code() {
        return code;
    }
}//类体结束
```

其中，public 是修饰符；class 是关键字；Account 是类声明部分；大括号里面的部分是类体，类体包括成员变量 code、name 的声明和成员方法 get _ Code 的声明及实现。这里的 Account.java 类是一个顶层类。所谓顶层类是指被包含于一个包中但不能被其他类包含的类。

①类名要符合 Java 标识符的规定，且不能使用 Java 中的关键字。

②类名可以由字母、下划线、数字或 $ 符号组成，但第一个字符不能为数字。

③类名的首字母应该大写，其他有意义单词的首字母大写。

④同一包中的类名不能重复，不同包中的类名可以相同。

(2)类修饰符。类文件的修饰符是可选项。常用的类修饰符有 public、default、final 和 abstract。下面是对这几个修饰符的说明。

①public：公共类。可以被任何类访问，包括同一包下的类、其他包中的类。该修饰符只能用于顶层类和成员类(例如某类的子类)。

②default：默认类。省略修饰符，表示该类只能被同一个包内的其他类访问，这是 Java 默认的方式。注意，并不是真正有一个 default 修饰符。

③final：最终类。该类不能被继承，即该类不能有子类。

④abstract：抽象类。类不能被实例化。

例如，类 A 位于 a.b 包中，类 B、C、D 位于 b.c 包中，其修饰符不同，类访问情况如下：＊.java 源文件中可以声明多个类，但用 public 修饰的类只能有一个，且该类名必与源文件名同名。

### 2. 关于类方法知识

类中的方法用来执行某种行为。

(1)方法的定义。方法用来说明类需要实现的功能或具有的某种行为。方法包括方法声明和方法体，格式如下：

[方法修饰符]返回值类型 方法名[方法参数]{
方法体}

下面在 Account 类中定义了一个 get_Code()方法：

```
class Account{
    protected String get_Code() //方法声明
    { //方法体开始
        return code;
    }//方法体结束
}
```

方法声明包括方法名、返回类型和外部参数。参数的类型可以是简单数据类型，也可以是一个对象。对于 Account 类的 get_Code()方法而言，其返回值类型为字符串类，没有外部参数。当然方法也可以是一个空方法，即方法体为空，什么功能也不执行。方法修饰符如表 4-2 所示。

表 4-2　方法修饰符

| 修饰符 | 说明 |
| --- | --- |
| public | 可以由其他类访问 |

**续表**

| 修饰符 | 说明 |
|---|---|
| protected | 不在同一个包的类不能访问，但子类可以访问 |
| private | 声明该方法的类可以访问 |
| static | 类方法 |
| final | 最终方法，不能由子类改变 |
| abstract | 抽象方法，无方法体 |
| synchronized | 同步方法，设置方法的同步机制，以实现线程同步 |
| native | 本地方法，当在方法中调用不是由 Java 语言编写的代码，或者在方法中用 Java 直接操纵与平台有关的计算机硬件时要声明为 native 方法 |
| strictfp | 精确浮点计算方法，使得浮点运算更加精确，保持不同硬件平台的结果一致性 |

如果没有设置方法修饰符，默认表示该成员变量可以被同一包中的任何类访问。

(2)方法重载。方法重载是实现 Java 类多态性的一种方式。方法的重载是一个类包含有许多同名的方法，且带有不同的参数列表。重载的价值在于它允许通过使用一个普通的方法名来访问一系列的相关方法。当调用一个方法时，具体执行哪个方法根据调用方法的参数决定，Java 自动执行与调用的参数相匹配的重载方法。例如，对于转账操作 Transfer 类，该类可以包含一些基本的转账方法，如基本的转账功能，至指定金额和接接受账户，或者除了基本转账功能之外还可以添加备注信息、手续费等信息，具体代码如下所示。

```
class Transfer {
    // 方法 1：基本的转账，只指定金额和接收账户
    public void transfer(double amount, String recipientAccount) {
        System. out. println("Transferring $" + amount + " to account " +
recipientAccount);
    }
    // 方法 2：转账并添加备注，除了金额和接收账户外，还添加了备注信息
    public void transfer(double amount, String recipientAccount, String note) {
        System. out. println("Transferring $" + amount + " to account " +
recipientAccount + " with note: " + note);
    }
    // 方法 3：转账并指定手续费，除了金额和接收账户外，还添加了手续费
    public void transfer(double amount, String recipientAccount, double fee) {
        System. out. println("Transferring $" + (amount — fee) + " to account " +
recipientAccount + " after deducting $" + fee);
```

```
        }
        // 方法4：转账并添加备注和手续费，包含了所有参数
        public void transfer(double amount, String recipientAccount, String note, double
fee) {
                System. out. println("Transferring $" + (amount - fee) + " to account " +
recipientAccount + " with note: " + note + " after deducting $" + fee);
        }
    }
```

简单地说，方法重载的特点是方法名是相同的，但是方法的参数是不同的。实现方法重载，还需要注意以下几点：

①方法的参数必须不同，即参数个数不同或参数类型不同。

②返回值可以相同，也可以不同。

③方法的返回类型和参数的名字不参与比较，也就是说如果两个方法的名字相同，即使类型不同，也必须保证参数不同。

(3)构造方法。定义类的目的很大程度上是要创建对象，即类的实例。在多数情况下，我们需要调用构造方法完成对象的初始化工作。定义构造方法非常简单，满足两个条件即可：方法名与类名相同；没有返回类型。

例如，我们创建了 Account 账户类，如果要对 Account 账户类进行初始化，那我们就可以创建构造方法来实现。

```
class Account {
public Account(String code, String name, String password, double money)
{
        this. code=code;
        this. name=name;
        this. password=password;
        this. money=money;
}
    }
```

## 4.1.3  任务实施

通过对银行账户特点的分析，结合面向对象知识，创建了 Account 类，类中包括成员域和方法域。Account 类的属性和方法如表 4-3 所示。

表 4 - 3　Account 类的属性和方法

| 类的成员 | 修饰符 | 名称 | 数据类型或返回值类型 | 初始值 |
|---|---|---|---|---|
| 类变量 | private | code | String | null |
| | private | name | String | null |
| | private | password | String | null |
| | private | money | double | 0.0 |
| 类方法 | protected | get _ Code | String | |
| | protected | get _ Name | String | |
| | protected | get _ Password | String | |
| | public | get _ Money | double | |
| | protected | set _ Balance | void | |

本任务实现的完整代码如下：

```
class Account {
    private String code = null; //账户号
    private String name = null; // 客户姓名
    private String password = null; //账户密码
    private double money = 0.0; //账户金额
    public Account(String code, String name, String password, double money) {//构造方法
        this. code = code;
        this. name = name;
        this. password = password;
        this. money = money;
    }
    protected String get _ Code() {
        return code;
    }
    protected String get _ Name() {
        return name;
    }
    protected String get _ Password() {
        return password;
    }
    public double get _ Money() {
        return money;
```

```
    }
    /* 得到剩余的钱的数目 */
    protected void set _ Balance(double mon) {
        money －= mon;
    }
}
```

## 4.1.4　知识拓展

### 1. Java 程序中多个类文件的实现

Java 程序可能定义多个类，可以把若干个类编写在同一个源文件中，但是必须遵循如下规定：

（1）一个 Java 源文件由一个或多个类组成，每个类由关键字 class 声明，class 前面可以加修饰符 public，也可以不加。

（2）如果源文件中有多个类，只能有一个类加修饰类 public。

（3）源文件的文件名必须跟其中某个类名一致。如果文件中有 public 类，文件名必须跟 public 类名一致，如果没有，文件名可以跟任意一个类名一致。

（4）在 Eclipse 中，为了便于运行程序，通常以 main()方法所在的类命名源文件。这种情况下，同一个源文件中的其他类不能是 public。

多个类出现在同一个源文件中，编译后每个类都生成自己的 .class 文件。

### 2. 类方法的命名

对单个成员变量赋值的方法和获取单个成员变量值的方法在类的定义中经常用到。Java 对这样的方法也形成了命名习惯。对单个成员变量赋值的方法名通常是 set＋大写字母开头的变量名，称为 setter 方法。获取单个成员变量值的方法名通常是 get＋大写字母开头的变量名，称为 getter 方法。

成员方法的定义中可以出现下列变量：

（1）类的成员变量，即域变量。

（2）形式参数列表中的变量，称为参变量。

（3）方法内部声明的变量，称为局部变量。

其中，成员变量在类中定义，可以被同一个类的所有成员方法访问，作用域是整个类。参变量的作用域是该变量所在的方法，在方法外，参变量不可见。局部变量的作用域是定义局部变量的语句块，在语句块以外局部变量不可见。

例如，类 Student 中，域变量有 name 和 age，在 Student 的所有成员方法中都可以访问这些域变量。方法 setName(String n)中，n 是形式参数，这个参数仅仅在方法 setName(String n)内具有可见性。方法 setAge(int age)中，age 是形式参数，这个参数仅仅在方法 setAge(int age)内具有可见性。

```
public class Student {
    private String name;
    private int age；
        public void setName(String n) {
            this. name = n;
        }
        public String getName() {
            return name;
        }
        public int getAge() {
            return age;
        }
        public void setAge(int age) {
            this. age = age;
        }
}
```

# 任务 4.2  账户对象的实现

## 4.2.1  任务分析

银行根据业务需求，确定客户账户应包含哪些信息及对账户可进行的操作，即创建账户类，客户来银行开户，银行帮助用户建立账户，记录其相关信息，如客户账户号、客户姓名、账户密码和账户金额等。本任务根据账户类，完成对具体客户账户的建立，其实也就是根据类，创建对象，任务中主要包含对象的创建和实例等知识。

## 4.2.2  知识储备

### 1. 对象的概念

在面向对象编程中，对象可以是研究的任何事物。对象不仅可以是有形的实体，例如一本书、一张桌子，也能表示无形的(抽象的)规则、计划或事件，如银行利息的计算方法等。

对象由属性和方法组成。属性用于描述对象的特征，方法则体现对象的行为。例如，张三的籍贯、性别、专业等是属性，而走路、骑自行车则是方法。当然每个对象的属性和方法可能不同，例如李四不会骑自行车，就不具备骑自行车方法，但李四能够表演街舞，就具备表演街舞方法。

张三和李四还可以进行消息传递，例如，张三向李四打招呼，李四给张三发送一条短信。也就是说，对象之间通过消息传递机制建立联系，完全孤立的对象是没有什么实际意义的。对象通常会根据所接收的消息做出动作，例如，张三向李四打招呼，一般李四会做出回应。

### 2. 创建对象

创建对象包括声明对象和实例化对象。

对象是类的实例，对象是属于某个已知的类。因此，只有定义了类才能定义对象。对象的声明格式如下：

类名 对象名；

例如，声明一个银行账户 Account 类的对象 act：

Account act；

实例化对象，对象的实例化由 new 操作完成，语法形式为：

对象名 = new 类构造方法名([＜参数列表＞])

例如，下面语句创建了一个银行账户 Account 类的新对象 act：

act＝new Account()；

也可以在声明的同时创建对象：

Account act＝new Account()；

### 3. 对象的使用

对象创建之后，就可以使用"对象名．对象成员"的格式，来访问对象的成员（包括属性和方法）。对象不仅可以操作自己的变量改变状态，也可以调用方法产生一定的行为。例如：

```
class Account {
    private String code = null; //信用卡号
    public void set _ Code(String code) {
        this. code = code;
    }
    public String get _ Code() {
        return code;
    }
    public void exeRegisiter() {
        set _ Code("200000");
        System. out. print(get _ Code());
```

```
        }
    }
```

Account 类通过 set _ Code()方法改变对象的属性 code，通过调用 exeRegisiter()方法实现注册用户并打印输出的功能。

### 4.2.3　任务实施

我们在已经定义了账户类 Account，接下来创建 ATM 类，应用对象声明语句进行 act 对象的创建，最后调用 Account 类的构造方法完成对 act 对象的实例化工作。具体代码如下：

```
class ATM {
Account act；//声明对象 act
public ATM() {//ATM 的构造方法
    act = new Account("000000","Tom","123456", 50000); //实例化对象 act
}
```

通过以上代码，我们实现了根据 Account 类创建 act 对象，并完成对 act 对象的实例化工作，反映在银行业务上，也就是银行为客户建立一个账户号为 000000、户主姓名为 Tom、账户密码为 123456、账户金额为 50000 元的新账户。

# 任务 4.3　不同类型银行账户的实现

### 4.3.1　任务分析

客户在银行建立的账户有不同的类型，如普通个人账户、企业账户、医保账户、信用账户等。如何在已有普通账户的基础上，实现其他类型的账户？我们经过研究发现，不同类型的账户有一个共同的特征，就是都必须有银行账户号、户主姓名、账户密码、账户金额。可以采用 Java 的继承特点把 Account 类作为其他类的父类，不同银行账户类型定义为它的子类。

本任务将应用继承知识，实现 CommonAccount、CureAccount 和 CreditAccount 三类账户，它们继承了 Account 类。Java 的继承特点也是面向对象编程的主要特征之一。

### 4.3.2　知识储备

软件编程有一个很重要的思想就是软件复用。继承是面向对象编程的核心内容之一，使用继承可以创建一个通用的类，这个类定义一组关联项的常见特性。该类能够被其他更具体的类继承，每个类都可以再添加其特有的内容。通过继承可以实现代码的复用，被继承的类称为父类，由继承而得到的类称为子类。采用继承来组织、设计系统中的类，可以提高程序的抽象程度，使之更能接近于人类的思维方式，同时通过继承能够很好地实现代码重用，提高程序开发效率。

### 1. 超类和子类

对于几个已有的类来说，如果 B 继承了 A，则 A 为 B 的超类（Superclass），B 为 A 的子类（Subclass）。

在 Java 中，一个类只能继承一个超类，这种方式就是所谓的单继承。虽然一个类只可以有一个超类，但是一个超类却可以被多个子类所继承。通过继承机制，子类拥有超类的成员变量和方法。当然，基于类的多态性特性，子类也可以拥有自己的成员变量和方法。

Java 提供了一个最顶层的根类 Object（java. lang. Object），它是所有类的超类。例如，下面的代码声明了一个 Object 对象 o1：

Object o1；

### 2. 继承的语法

在 Java 中，子类对父类的继承是通过在类的声明中，用关键字 extends 来说明的，其语法格式为：

Class SubClassName extends SupperClassName{ 类体 }

其中 SubClassName 是新的子类名，SupperClassName 是继承的父类名，extends 是继承关键字。需要注意的是，父类名所制定的类必须是在当前编译单元中可以访问的类，否则会产生编译错误。例如：

```
public classA{
    int x；
    void x(){}
}
public class B extends A{
    int x；
    void y(){
        x()；
    }
}
```

A 是超类、B 是子类。由于 B 继承了 A，则 B 自然拥有了 A 的成员变量和方法，所以可以在 B 的 y()方法中直接调用 x()方法。

Java 中的继承只能是单继承，也就是说一个子类只可以有一个父类，因此 Class A extends B，C，D{}是非法的。若要实现类似多继承的效果，则要接口。

如果子类中的一个变量和父类中的一个变量重名，那么子类中的变量将会屏蔽掉父类中的同名变量，例如 B 中的 x 屏蔽了 A 中的 x。

可以把子类的引用赋值给父类的引用，但是反过来是禁止的。如果要把父类的引用赋值给子类的引用，需要使用 cast 进行匹配，以便 Java 能够自动将一种类型转换成另一种类型。例如：

B b ＝ new B()；

A a ＝ new A()；

a ＝ b；//子类引用可以直接赋值给父类引用

b ＝ (B)a；//父类引用赋值给子类引用，必须使用 cast

### 3. 隐藏与重写

隐藏和重写是指子类对从父类继承来的变量或方法可以重新加以定义。

(1)成员隐藏。若子类中定义的成员变量和从父类继承过来的成员变量同名时，子类就隐藏了超类中的成员变量。代码如下：

```
class a{
    int x ＝ 2；
    int y ＝ 3；
    public class b extends a{
        int x ＝ 4；//隐藏父类的 a int x ＝ 2；
        public static void main(String args[]){
            b m＝ new b()；
            System. out. println("x＝"＋m. x＋", y＝"＋m. y＋")；
        }
    }
}
```

运行结果：x＝4，y＝3

(2)方法的重写。子类将继承父类的非私有方法，同时子类也可以重新定义与父类同名的方法，实现对父类方法的重写。需要注意的是子类在重新定义父类已有的方法时，应保持与父类完全相同的方法头部声明，即应与父类具有完全相同的方法名、返回值和参数列表。例如，以下代码：

```
class a{
    float f(float x, float y) {
```

```
        return x * y;
    }
}
class b extends a{
    float f(float x, float y) {
        return x + y;
    }
}
class c{
    public static void main(String args[]) {
        b sum = new b();
        float c = sum.f(5, 6);
        System.out.println(c);
    }
}
```

运行结果：11.0

对于子类创建的一个对象，如果子类重写了父类的方法，则运行时系统调用子类重写的方法，如果子类继承了父类的方法（未重写），那么子类创建的对象也可以调用这个方法，只不过方法产生的行为和父类的相同而已。

一般在下面几种情况下需要使用方法重写：

①子类中实现与父类相同的功能，但采用不同的算法。

②在名字相同的方法中，要做比父类更多的事情。

③在子类中需要取消从父类继承的方法。

对于方法重写需要注意下面的几点：

①方法名、参数列表、返回类型完全相同才会产生方法重写。

②方法重写不能改变方法的静态与非静态属性，也不可以降低方法的访问权限。

③final 方法不能被重写。

## 4.3.3　任务实施

定义账户类 Account.Java：

```
class Account {
    private String code = null; // 账户号
    private String name = null; // 客户姓名
    private String password = null; // 账户密码
    private double money = 0.0; // 账户金额
```

```
public Account(String code, String name, String password, double money) {//构造方法
    this.code = code;
    this.name = name;
    this.password = password;
    this.money = money;
}
protected String get _ Code() {
    return code;
}
protected String get _ Name() {
    return name;
}
protected String get _ Password() {
    return password;
}
public double get _ Money() {
    return money;
}
/* 得到剩余的钱的数目 */
protected void set _ Balance(double mon) {
    money -= mon;
}
}
class PersonalAccount extends Account{//声明 CommonAccount 继承了父类 Account
    private int Level = 0; //客户身份(子类中添加新的成员)
    public CommonAccount(String code, String name, String password, double money) {
        super(code, name, password, money); //继承父类中的构造方法
    }
    public int getLevel() {
        return Level;
    }
    public void setLevel(int level) {
        Level = level;
    }
}
```

同理，我们可以采用继承父类 Account 类的方法产生子类企业账户类 EnterpriseAccount 类。

## 4.3.4 知识拓展

与类中 this 关键字相似，Java 语言中使用关键字 super 表示父类对象。通过在子类中使用 super 做前缀可以引用被子类隐藏的父类变量或被子类重写的父类方法。虽然构造方法不能够继承，但利用 super 关键字，子类构造方法中也可以调用父类的构造方法。

### 1. 操作被隐藏的变量和方法

若成员变量 x 和方法 y()分别是被子类隐藏的父类的变量和方法，则：

super. x //表示父类的成员变量 x

super. y() //表示父类的成员方法 y()

### 2. 使用 super 调用父类的构造方法

子类不能继承父类的构造方法，若子类想使用父类的构造方法，必须在子类的构造方法中利用 super 来调用，且 super 必须是子类构造方法中的第一条语句。

### 3. final 关键字

在默认情况下，所有的成员变量或成员方法都可以被隐藏或重写，如果父类的成员不希望被子类的成员所隐藏或重写则将其声明为 final。

用 final 修饰成员变量，说明该成员变量是最终变量，即为常量。程序中的其他部分可以访问，但不能够修改。用 final 修饰成员方法，则该方法不能再被子类所重写，即该方法为最终方法。

如果一个类被 final 关键字修饰，说明这个类不能再被其他类所继承，该类被称为最终类。需要注意的是：

（1）所有被 private 声明为私有的方法，以及包含在 final 类中的方法都被默认为是最终的。

（2）用 static 和 final 两个关键字修饰变量时，若不给定初始值，则按照默认规则对变量初始化。若只用 final 修饰而不用 static，就必须且只能对该变量赋值一次，不能默认。

### 4. Object 类

Object 类是 Java 程序中所有类的直接或间接父类，处在类的最高层次。一个类在声明时若不包含关键字 extends，系统就会认为该类直接继承 Object 类。Object 类包含了所有 Java 类的公共属性和方法，这些属性和方法在任何类中均可以直接使用，其中较为主要的方法如表 4-4 所示。

表 4 - 4  **Object 类的常用方法**

| 方法名称 | 方法说明 |
|---|---|
| toString() | 其返回值是 String 类型，返回类名和它的引用地址 |
| equals() | 用于比较对象是否相等，返回布尔类型的值 |
| hashcode() | 用于通过 hashcode 识别对象 |
| getclass() | 用于反射机制中获取对象 |
| clone() | 用于返回一个对象的拷贝 |
| notify() | 从当前对象锁的等待队列中获取一个线程 |
| wait() | 将线程放入到等待队列中，并释放对象锁 |
| finalize() | 用于回收 Java 对象所占用的内存 |

下面以最常用的 toString() 方法为例，若直接打印 user 对象时，只能返回其类名和它的引用地址，示例代码如下。

User user = new User();

user. setRealName("张三");

user. setEmail("zhangsan@163. com");

System. out. println(user);

重写 toString 前打印输出的结果如下：

org. sxpi. entity. User@bdf5e5 // 输出的是类名＋地址

如果重写 toString()，在打印对象时可以获得理想的格式，具体代码如下。

@Override

public String toString() {return "获取到的姓名是:" + this. getRealName() + ", 邮箱是:" + this. getEmail();}

打印输出的结果如下：

获取到的姓名是：张三，邮箱是：zhangsan@163.com //较为理想的格式

# 任务 4.4  用户类的实现

## 4.4.1  任务分析

银行账户的创建完成之后，账户的操作角色包括客户和银行业务员。对于各类客户和银行业务人员来说，都有 ID 号、用户名、密码、业务处理等共性属性和行为。对于 ID 号、用户名、密码来说，其处理方法是一致的。而对于业务处理来说，两种用户对银行业务处理是不同的，客户可以设置账户密码、存款、取款、查询余额，银行业

务员可以修改账户信息、锁定账户、查询账户所有信息。

本任务的主要工作就是采用抽象类的方法实现银行用户 AbstractUsers 类，抽象出共性的属性和行为，至于具体实现细节，则由子类来重写。

## 4.4.2　知识储备

### 1. 抽象类

抽象类就是不能使用 new 方法进行实例化的类，即没有具体实例对象的类。抽象类有点类似"模板"的作用，目的是根据其格式来创建和修改新的类。对象不能由抽象类直接创建，只可以通过抽象类派生出新的子类，再由其子类来创建对象。当一个类被声明为抽象类时，要在这个类前面加上修饰符 abstract。在抽象类中的成员方法可以包括一般方法和抽象方法。抽象方法就是以 abstract 修饰的方法，这种方法只声明返回的数据类型、方法名称和所需的参数，没有方法体，也就是说抽象方法只需要声明而不需要实现。当一个方法为抽象方法时，意味着这个方法必须被子类的方法所重写，否则其子类的方法仍然是 abstract 的。抽象类中不一定包含抽象方法，但是包含抽象方法的类一定要被声明为抽象类。抽象类本身不具备实际的功能，只能用于派生其子类，而定义为抽象的方法必须在子类派生时被重写。抽象类中可以包含构造方法，但是构造方法不能被声明为抽象。一般来说，由于不能够用抽象类直接创建对象，因此在抽象类内定义构造方法是多余的。

需要注意的是：

(1)抽象类不能用 final 来修饰，即一个类不能既是最终类又是抽象类。

(2)abstract 不能与 private、static、final、native 并列修饰同一个方法。

**例 4-1**　定义抽象类 Animal，从抽象类派生具体子类 Horse 和 Dog，实现父类的抽象方法。

```
abstract class Animal{ //定义抽象类
    String str;
    Animal(String s){ //定义抽象类的一般方法
        str = s;
    }
    abstract void eat(); //定义抽象方法
}
class Horse extends Animal{ //定义继承 Animal 的子类
    String str;
    Horse(String s) {
        super(s); //调用父类的构造方法
    }
```

```
        void eat() {//重写父类的抽象方法
            System. out. println("马吃草料!");
        }
    }
class Dog extends Animal {
        String str;
        Dog(String s) {
            super(s);
        }
        void eat() {
            System. out. println("狗吃骨头!");
        }
    }
class Test{
        public static void main(String args[]) {
            Horse Horse1 = new Horse("马");
            Dog Dog1 = new Dog("狗");
            Horse1. eat();
            Dog1. eat();
        }
    }
```

运行结果：

马吃草料!

狗吃骨头!

在例 4-1 中，动物是一个抽象的概念，由此概念可以派生出"马"和"狗"等具体的动物，所以将 Animal 声明为抽象类。由于每种动物都需要吃东西，就可以在父类中定义一个吃的方法 eat，但每种动物吃的东西不同，没法给出统一的吃方法，所以把动物类 Animal 中的吃方法定义为抽象方法，而具体的 eat 方法由子类来完成。

需要注意的是，语句：Animal a＝new Animal()是非法的，因为抽象类不能实例化。语句：Animal a＝new Horse()是合法的，因为引用的是 Horse 类实例。

### 2. 接口基础知识

Java 语言不支持多重继承，即一个类只能有一个父类。Java 的单继承使得 Java 的类层次结构是树状结构，而不是网状结构，这样简化了程序结构，使类之间的关系相对简单。但是单继承并不能很好地将复杂的问题描述清楚，随着类层次结构中深度的增加，其间接父类越多，继承的属性和方法也越多，导致子类成员数量庞大，难于管理和控制。Java 通过另外一种机制实现了与类的多继承相似的功能，同时又避免了多继承的复杂性，这种机制就是接口（Interface）。

接口是面向对象的一个重要思想，利用接口使设计与实现相分离，使利用接口的用户程序不受不同接口实现的影响，不受接口实现改变的影响。Java 中的类可以实现多个接口，而不影响其在单继承树中的位置，同时还可以作为继承树中任何一个类的子类。接口的结构与抽象类非常相似，接口本身也具有数据成员与抽象方法，它与抽象类有以下的不同：

①接口的数据成员必须初始化。

②接口中的方法必须全部声明为 abstract，即接口不能像抽象类一样拥有一般方法，而必须都是抽象方法。

(1)接口的声明。接口类型的说明类似于类的说明，由两部分组成：接口说明和接口体。接口说明的格式为：

```
[修饰符] interface 接口名 [extends 父接口名列表]{
    [public][static][final]数据类型 变量名＝常量值；//静态常量
    [public][abstract]返回值类型 方法名(参数列表)；//抽象方法
}
```

接口命名与类的命名相似，接口名必须符合 Java 标识符的命名规则。同类一样，接口也具有继承性，通过关键字 extends 表明继承关系，子接口继承父接口所有的属性和方法。与类间只能单继承不同，Java 语言中的接口可以支持多继承，被继承的多个父接口之间用逗号分隔，形成父接口名列表。

**例 4 - 2** 声明一个接口 MyInterface，接口中有一个常量 M 和抽象方法 show。

```
interface MyInterface{//声明接口
    int M＝50；//数据成员一定要初始化
    void show()；//抽象方法，不需要定义处理方式
}
```

在接口声明中，Java 允许省略数据成员的 final 关键字、方法的 public 和 abstract 关键字。若省略成员变量的修饰符，系统默认为 public static final，若省略方法的修饰符，系统默认为 public abstract。

(2)接口的实现。既然接口中只有抽象方法，所以接口与抽象类一样不能用 new 运算符直接创建对象。必须利用接口的特性来建造一个新的类，然后再利用这个类创建新的对象。利用接口建造新类的过程称为接口的实现。

一个类可以实现一个或多个接口，声明实现接口的关键字是 implements。实现接口的语法为：

```
[public] class 类名称 [implements 父接口名]{
    //类的成员变量和成员方法；
    //为接口中的所有方法编写方法体，实现父接口；
}
```

一个类在实现接口后，将继承接口中的所有静态常量，如果该类不是一个抽象类，则该类的类体中必须为接口的所有抽象方法编写方法体。实现接口中的抽象方法时，除关键字 abstract 外，方法头必须与接口定义中的方法头完全相同，包括访问控制修饰符、返回值类型、参数列表等，否则会产生编译错误。如果实现接口的类是一个抽象类，则可以不用实现接口中的抽象方法。

一个类实现接口后，接口中的成员就被该类所拥有。由此，在单继承的情况下通过实现多个接口达到了多继承的目的，增加了类的功能。需要注意，在接口声明时通常省略 public 修饰符，但在实现抽象方法时必须显式地使用 public。

## 4.4.3　任务实施

### 1. 实现 AbstractUsers 类

```
abstract class AbstractUsers {
    private int id;
    private String username; //
    private String password; //
    abstract void ProcBusiness(); //
    public int getId() {
        return id;
    }
    public void setId(int id) {
        this.id = id;
    }
    public String getUsername() {
        return username;
    }
    public void setUsername(String username) {
        this.username = username;
    }
    public String getPassword() {
        return password;
    }
```

```
    }
    public void setPassword(String password) {
        this.password = password;
    }
}
```

### 2. 实现银行业务类和储户类

```
class Employee extends AbstractUsers{
    void ProcBusiness(){
        System.out.println("银行业务员：修改账户信息、查看账户信息、锁定账户!");
    }
}
class Depositor extends AbstractUsers{
    void ProcBusiness(){
        System.out.println("储户：取款、存款、查询余额!");
    }
}
```

### 3. 实现银行业务员操作类和储户操作类

```
interface InterfaceEmployee {
    void Inquiry();  //查询
    void LockAccount();  //锁账
    void Modify();  //修改账户
}
interface InterfaceDepositor {
    void WithDrawal();  //取款
    void Deposit();  //存款
    void CheckBalance();  //查询余额
    void SetPassword();  //设置密码
}
class OperateEmployee implements InterfaceEmployee{
    //查询
    public void Inquiry(){
        System.out.println("查询账户信息!");
    };
    //锁账
```

```
    public void LockAccount() {
        System.out.println("锁定账户!");
    };
    //修改账户
    public void Modify(){
        System.out.println("修改账户信息!");
    }
}
class OperateDepositor implements InterfaceDepositor{
    //取款
    public void WithDrawal(){
        System.out.println("取款操作!");
    };
    //存款
    public void Deposit(){
        System.out.println("存款操作!");
    };
    //查询余额
    public void CheckBalance(){
        System.out.println("查询余额操作!");
    };
    //设置密码
    public void SetPassword(){
        System.out.println("设置账户密码!");
    };
}
```

# 任务 4.5　程序异常处理

## 4.5.1　任务分析

客户的家庭住址包括家庭所在城市、小区、单元、门牌号、邮政编码等属性，因此，家庭住址自身也应该定义成一个类。

本任务先定义一个表示家庭住址的类 Address，然后以这个类的对象作为成员变量定义学生类的最后一个版本 Student，把 Address 放在包 p1 中，Student 放在 p1.p2 中，访问 Student 的类 StudentManager 放在默认包中。

## 4.5.2　知识储备

### 1. 异常

异常(Exception)是指在程序运行过程中出现的不正常情况，它将中断正在执行的程序流程，导致程序错误结束。例如，算术运算中除数为0、指针为空、数组溢出等都会导致异常的出现。为了保证程序正常执行，就必须对发生的各种异常情况进行有效处理。

Java 的异常处理则不同，它是面向对象的。如果程序运行过程中出现了异常，Java 会捕获(catch)、抛出(throw)一个 Exception 对象，开发人员就可以根据这个 Exception 对象的相关信息进行处理。

### 2. 异常处理机制

异常处理基本过程：当程序运行过程中出现错误时，系统首先创建一个 Exception 对象，这个对象中不仅包含了出错的相关信息，还提供了一些处理方法。接着系统会在程序出错的方法中抛出这个 Exception 对象，被捕获后再进行适当的处理。整个异常处理过程的语法结构如下：

```
try{
//可能产生异常的程序代码
}catch(ExceptionType1 e){
// ExceptionType1 异常类型进行处理的代码
}catch(ExceptionType2 e){
// ExceptionType2 异常类型进行处理的代码
}
……
Finally{
//其他处理程序代码
}
```

### 3. 管理异常

(1)捕获异常。捕获异常操作是由 try-catch 语句来实现的。try-catch 语句块中 catch 语句可以有多个，分别用于处理不同类型的异常。当 try 中可能异常的程序代码抛出一个异常对象后，运行系统就会按照执行顺序对每个 catch 语句处理的异常类型进行检测，直到找到与之匹配的 catch 块为止。

(2)throws 抛出异常。程序在执行可能异常程序代码中发生异常，但却不想在当前方法中进行异常处理，Java 允许将这个异常抛出，然后再由上层调用方法捕获该异常并进行处理。异常抛出，由 throw 和 throws 语句来实现。格式如下列程序代码：

String str Input() throws IOException

抛出异常的过程可以分为 3 个步骤：首先要确定在程序中可能会发生什么类型的异常，然后创建这些异常类的实例，最后使用 throw 语句将异常抛出。

异常被抛出后，throw 语句后的程序代码将不会被执行。对于抛出的异常，系统将向调用该方法的上层进行传递，由外层方法捕获该异常并进行处理。

（3）Exception 异常类。Exception 异常类代表了 Java 中所有的异常情况，其父类是 Throwable 类。所有的异常类都是由 Throwable 类派生出来的，它包括两个子类：Error 和 Exception。Error 类主要用来捕获 Java 运行时错误及运行时系统本身有关的错误，如堆栈溢出等，所以不会被普通程序捕获或抛出；Exception 类表示的是所有可以被捕获并且可以被恢复的错误，所以大多数程序都会捕获或抛出 Exception 异常。

根据错误发生的原因，Exception 类分为两种类型：运行时异常和非运行时异常。运行时异常是由于程序编写不正确所导致的异常情况，这种异常不需要编译器进行检查，都会自动处理的；非运行时异常是指由一些意外引发的异常，必须通过 try-catch 语句捕捉或由 throws 抛出，否则编译出错。

Java 中已经定义了运行时异常和非运行时异常如表 4-5 和 4-6 所示。

表 4-5　常见运行时异常

| 异常类名称 | 异常类说明 |
| --- | --- |
| ArithmeticException | 算术异常类 |
| ArrayIndexOutOfBoundsException | 数组下标越界异常类 |
| ArrayStoreException | 将与数组类型不兼容的值赋给数组元素时抛出的异常 |
| ClassCastException | 类型强制转换异常 |
| IndexOutOfBoundsException | 当某对象的索引超出范围时抛出的异常 |
| NegativeArraySizeException | 数组负下标异常类 |
| NullPointerException | 空指针异常类 |
| NumberformatException | 字符串转换为数字异常类 |
| SecurityException | 当应用程序执行浏览器的安全设置禁止的动作时抛出的异常 |
| StringIndexOutOfBoundsException | 字符串索引超出范围异常 |

表 4-6　常见非运行时异常

| 异常类名称 | 异常类说明 |
| --- | --- |
| ClassNotFoundException | 未找到相应类异常 |
| EOFException | 文件已结束异常 |
| FileNotFoundException | 文件未找到异常 |

| 异常类名称 | 异常类说明 |
|---|---|
| IllegalAccessException | 访问某类被拒绝时抛出的异常 |
| InstantiationException | 视图通过 newInstant()方法创建一个实例时抛出的异常 |
| IOException | 输入/输出异常 |

## 4.5.3 任务实施

### 1. 文档读写异常处理

由于该项目的内容主要通过文本记录，读取文本内容时出错时有出现。以下是对文本读取操作异常的捕捉处理。

```java
// Exception4.java
import java.io. * ;
public class Exception4{
    public static void main(String args[])throws
FileNotFoundException，IOException{
        FileInputStream fis＝new FileInputStream("text.txt");
        int b;
        while((b＝fis.read())! ＝－1){
            System.out.print(b);
        }
        fis.close();
    }
}
```

### 2. 账户创建异常处理

```java
public class CreatAccess {
    public static void f() throws MyotherException {
        System.out.println("Throwing MyotherException from f()");
        throw new MyotherException();
    }
    public static void g() throws MyotherException {
        System.out.println("Throwing MyotherException from g()");
        throw new MyotherException("Originated in g()");
```

```
        }
    public static void main(String[] args) {
        try {
            f();
        }catch (MyotherException e) {
            e.printStackTrace();
        }
        try {
            g();
        } catch (MyotherException e) {
            e.printStackTrace();
        }
    }
}
```

## 4.5.4　知识拓展

从 JDK 1.4 开始，Java 增加了 assert 以支持断言的应用。我们可以将 assert 看成是异常处埋的一种高级形式。

### 1. 理解断言

断言(assertion)是软件开发中一种常用的调试方式，很多开发语言中都支持这种机制。断言基本思想是：对一个 boolean 表达式进行检查。一个正确的程序必须保证这个boolean 表达式的值为 true；如果该值为 false，说明程序已经处于不正确的状态下，系统将给出警告或退出。断言的格式如下：

assert Expression；

assert Expression1：Expression2；

其中 Expression1 应该总是一个布尔值，Expression2 是断言失败时输出的失败消息的字符串。如果 Expression1 为假，则抛出一个 AssertionError，这是一个错误，而不是一个异常，也就是说是一个不可控制异常(unchecked Exception)，AssertionError由于是错误，所以可以不捕获，但不推荐这样做，因为这样会使系统进入不稳定状态。

### 2. 断言的启用和禁用

在使用断言以前，需要先开启断言功能，因为 Java Runtime Environment(JRE)默认关闭断言功能。可以使用标记(flag) -enableassertions(缩写-ea)来开启断言功能。同样，也可以使用标记-disableassertions(缩写-da)来关闭断言功能。可以在标记上使用下列选项：

(1)无参数 //标记接受全部断言。

(2)包名(packageName)//标记只接受包名和其子包(subpackage)内的类。

(3)… //标记接受当前目录的默认包(default package)内的类。

(4)类名(className)//标记只接受指定类。

如：java -ea：foo. bar… -da：foo. bar. old Myclass

意思是开启对于包 foo. bar 和其子包的断言，但是包 foo. bar. old 除外。

### 3. 何时使用断言

(1)可以在预计正常情况下程序不会到达的地方放置断言：assert false。

(2)断言可以用于检查传递给私有方法的参数(对于公有方法，因为是提供给外部的接口，所以必须在方法中有相应的参数检验才能保证代码的健壮性)。

(3)使用断言测试方法执行的前置条件和后置条件。

(4)使用断言检查类的不变状态，确保任何情况下，某个变量的状态必须满足(如 age 属性应大于 0 小于某个合适值)。

# 任务 4.6　项目结构的实现

## 4.6.1　任务分析

到目前为止，以上项目中所有的类文件都属于一个默认的无名包，随着项目规模的扩大，为更好地组织项目中的类，Java 提供了包机制。包是类的容器，用于分隔类名空间。Java 中的包一般均包含相关的类，例如，所有关于交通工具的类都可以放到名为 Transportation 的包中。

## 4.6.2　知识储备

一个较大的系统往往包含多种对象，需要多个类来进行描述，这些类以某种逻辑的方式组合在一起形成了所谓的包。类名字都是从同一个名字空间提取出来的，这意味着每个类必须使用唯一的名字，当编写的程序代码较为复杂，参加编写的人员较多时，很可能由于类的命名和引用问题引发冲突。

为此，Java 提供了一种机制，可以把类名空间分成更易管理的块，这种机制就是包(package)。在 Java 语言中，包的作用是很大的。包是实现封装的一种手段，也是限定类中的变量和方法作用域的一种手段。包为类和其他子包提供了一个"容器"，这个容器针对不同的访问级别来确定具体的访问范围。

### 1. 包的定义

要创建一个包非常容易，将 package 关键字作为一个 Java 源文件中的第 1 条语句即可。其格式为：

package 包名；

package 语句定义了一个存放类的名字空间，所有使用相同包名称的类都被归在同一个包中。如果省略 package 语句，则类名被放到默认的包中，此默认的包没有名字。对于编写较复杂的程序来说，建议尽量使用包：

（1）建议将项目中每一个类都放在包中，而不要使用无名包。

（2）建议包名都由小写单词组成。

（3）建议包名采用"域名的倒写 . 项目名 . 模块名"的形式，以确保包名的唯一性，例如：com. sxpi. bms. action。

Java 使用文件系统目录来存储包，因此包的层次结构类似于文件夹的层次结构，例如包 com. sxpi. bms. action 在计算机中实际就是如图 4 - 1 所示的多层文件夹。

图 4 - 1　包对应的文件夹结构

Java 使用文件系统来存储包，有声明为同一个包的 . class 文件都必须放在以包名字命名的目录结构中。package 语句仅指定文件中定义的类属于哪个包，并不排除在其他文件中使用同一个 package 语句声明的类。实际上，创建包就是在当前目录下创建一个子文件目录，以便存放这个包中所包含的所有 . class 文件。

### 2. 包的使用

在 Java 程序中需要使用某些包中的类时，仅需要在程序文件的开头加一行 import 语句，指出需要导入的包名即可。格式如下：

import 包名 . 类名；

在一个 Java 类文件中允许有多个 import 语句，如果要导入包所包含的全部类，则可以用星号来代替。格式如下：

import java. util. Date；

import java. io. ＊；

目前 Java 给我们提供了大约 130 多个包，这些包可以直接引用。下面列出了 Java 语言中常用的包。

java. awt //窗口工具包

java. awt. image //图像处理包

java. lang //基本语言类包

java. io //输入/输出包

java. net //网络工具包

java. util //常用工具包

在使用 import 导入包时，需要注意：

(1)当导入一个大型包的时候，星号方式可能会增加系统编译的时间，但对程序性能或生成的类文件大小没有影响。

(2)要引用 Java 包，仅在源程序中通过 import 语句是不够的，还需要告诉系统，程序运行时应该在哪里找到 Java 包，这就需要通过设置系统环境变量 classpath 来完成。

## 4.6.3 知识拓展

Java SE 19 的类库中有 3000 多个类和接口，这些类为编程人员提供了丰富的、常用的功能。DOS 命令窗口调用类库中的类必须在环境变量 classpath 中设置类库的路径，项目一中 Java SE 19 安装完毕后设置 classpath 的值就是这个目的。Eclipse 能够自动找到类库的路径，不需要设置。

Java 不仅提供了类库，而且提供了介绍如何使用类库的文档 API 规范（APISpecification），从中可以查到类库中所有类及其成员变量和成员方法。API 规范可以从 Oracle 公司的网站上下载，如图 4-2 所示。

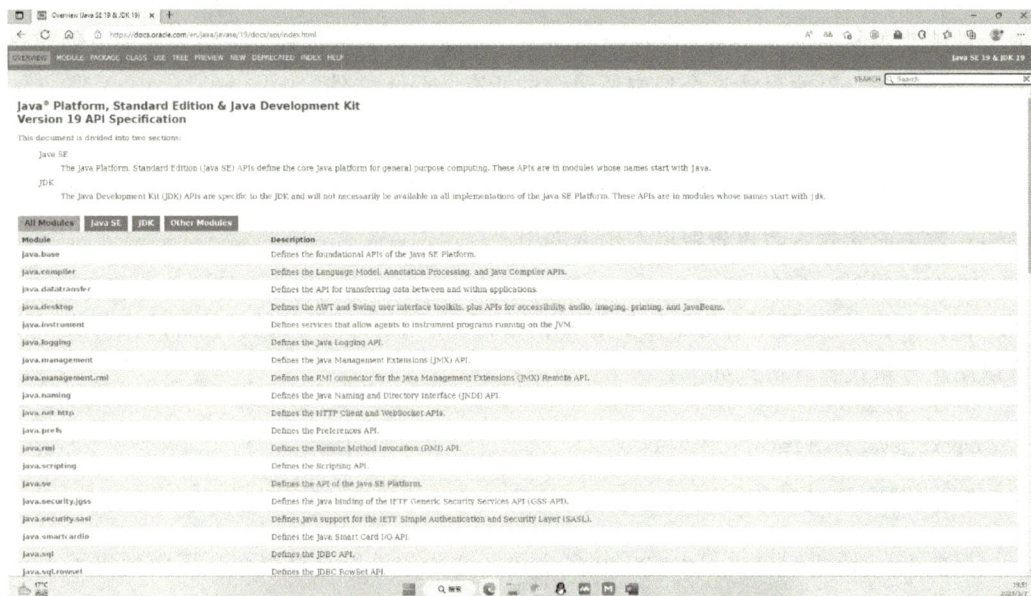

图 4-2 API 规范主页面

可以看到，页面中有三个窗格。左上角的窗格显示了类库中所有的包。单击包名后，左下方的窗格中将显示这个包中的所有类和接口，再单击其中的类，这个类的API规范就显示在右侧的主窗格中，包括这个类所在的包、自 Object 至这个类的继承关系、这个类实现的接口、类成员的简介和类成员的详细介绍。包、类和类的成员都是按照字母顺序排列的。java.lang 包中存放了最常用的类，访问这个包中的类可以省略 import 语句。除此以外，访问其他包中的类都需要 import 语句。

# 习　题

## 一、填空题

1. _____是Java语言中定义类时必须使用的关键字。方法声明包括_____和_____两部分。

2. 对象是对事物的抽象，而_____是对对象的抽象和归纳。

3. 在类体中，变量定义部分所定义的变量称为类的_____。

4. 在 Java 中，可以使用关键字_____来创建类的实例对象。

5. 在关键字中能代表当前类或对象本身的是_____。

6. _____指那些类定义代码被置于其他类定义中的类。

## 二、选择题

1. 类的定义必须包含在以下哪种符号之间？（　　　）

A. 小括号()
B. 双引号""

C. 大括号{}
D. 中括号[]

2. 在以下哪种情况下，构造方法被调用？（　　　）

A. 类定义时
B. 创建对象时

C. 使用对象的属性时
D. 使用对象的方法时

3. 有一个类 B，下面为其构造方法的声明，正确的是（　　　）。

A. b(int x){}
B. void B(int x){}

C. void b(int x){}
D. B(int x){}

4. 下面哪一种是正确的类声明？（　　　）

A. public class Qf{}
B. public void QF{}

C. public class void max{}
D. public class min(){}

5. 定义外部类时不能用到的关键字是（　　　）。

A. final
B. public

C. protected
D. abstract

6. 下列有关类的说法中不正确的是(　　)。

A. 对象是类的一个实例

B. 任何一个对象只能属于一个具体的类

C. 一个类只能有一个对象

D. 类与对象的关系和数据类型与变量的关系相似

7. (　　)的功能是对对象进行初始化。

A. 析构函数　　　　　　　　　　B. 数据成员

C. 构造函数　　　　　　　　　　D. 静态成员函数

8. 下列关于静态成员的描述中错误的是(　　)。

A. 静态成员可分为静态数据成员和静态成员函数

B. 静态数据成员定义后必须在类体内进行初始化

C. 静态数据成员初始化不使用其构造函数

D. 静态数据成员函数中不能直接引用非静态成员

9. 为了使类中的某个成员不能被类的对象通过成员操作符访问，则不能把该成员的访问权限定义为(　　)。

A. public　　　　　　　　　　　B. static

C. protected　　　　　　　　　　D. private

10. 下列关于 new 运算符的描述中错误的是(　　)。

A. 可以使用它来动态创建对象和对象数组

B. 使用它创建的对象或对象数组可以使用运算符 delete 删除

C. 使用它创建对象时要调用构造函数

D. 使用它创建对象数组时必须指定初始值

## 三、简答题

1. 什么是面向对象？

2. 构造方法与普通成员方法的区别是什么？

3. 什么是垃圾回收机制？

4. 类与对象之间的关系是什么样的？

## 四、编程题

1. 某奶业公司生产 3 种牛奶：奶粉、液态奶和酸奶。这 3 种牛奶的主要属性是产品编号、产品配方、价格和产品产地。试编写描述牛奶的 Milk 类，并使用类之间的关系实现 3 种牛奶的 DriedMilk、LiquidMilk、Yogurt 类。

2. 设计加油站类和汽车类，加油站提供给汽车加油的方法，参数为剩余的汽油数量。每次执行加油的方法，汽车的剩余油量都会加 2。

3. 创建信用卡类，有两个成员变量，分别是卡号和密码。如果用户开户时没有设置初始密码，则使用"123321"作为初始密码。设计两个不同的构造方法，分别用于用户开户设置密码和未设置密码两种情况。

4. 设计手机类，手机有一个拨打电话的静态方法，此方法与手机的品牌和手机的型号无关。

# 项目五

## 学生信息管理系统的实现

图形化用户界面(Graphical User Interface，GUI，又称图形用户接口)是指采用图形方式显示的计算机操作用户界面。该设计对于用户来说十分重要，友好的 GUI 设计不仅让软件变得有个性有品位，还让软件的操作变得舒适、简单、自由，充分体现软件的定位和特点。Java 提供了丰富的开发工具用于 GUI 设计，如 AWT 组件和 Swing 组件。Swing 组件是 AWT 组件的增强版。图形化用户界面程序实现主要包括窗体、布局、常用控件和事件监听等内容。

### 知识目标

掌握 Java 常用的 Swing 组件的使用方法。

掌握 Java 常用的窗体和布局管理器。

掌握 Java 程序中事件监听器的使用方法。

### 能力目标

规范编码和代码说明文档，进行职业规范教育，培养学生规范的程序设计习惯。

规范界面事件响应处理，培养学生对业务处理的逻辑思维能力和编程能力。

培养学生爱岗敬业、遵守行业法规的职业道德，提高学生沟通表达、自我学习和团队协作能力。

设计符合操作习惯的软件 GUI，培养学生用户界面设计的审美情怀。

### 情境描述

学生信息管理系统是学校信息化管理的重要平台。学生信息管理包括信息输入、信息输出等操作，如果学生信息管理系统采用图形化界面实现，可以极大地方便用户操作。Java 语言可以很好地支持图形化界面编程。本项目将实现学生信息管理系统的用户界面设计任务，根据项目功能可把项目分成四个任务，如表 5-1 所示。

表 5-1 项目任务分解

| 编号 | 任务内容 | 任务说明 |
| --- | --- | --- |
| 1 | 登录模块的界面设计 | 完成系统登录界面的设计和实现 |
| 2 | 数据输入/输出模块的界面设计 | 完成系统数据输入和输出模块界面的设计和实现 |
| 3 | 信息查询模块的界面设计 | 完成系统有条件的查询模块 |
| 4 | 系统管理界面的设计 | 完成系统主控界面的设计和实现 |

# 任务 5.1 登录模块的界面实现

## 5.1.1 任务分析

登录窗口是很多系统中必不可少的组成部分。学生信息管理系统的登录窗口通过验证用户输入的用户名和密码，决定是否允许用户进入系统，在一定程度上保证了系统的安全性。本任务将完成学生信息管理系统的登录窗口，任务实现通过继承 JFrame 建立运行窗口，在窗口上使用 JtextField 接收用户名，使用 JpasswordField 接收密码，在按钮的动作事件中对用户名和密码进行检验，程序运行界面如图 5-1、图 5-2 所示。

图 5-1 系统登录界面

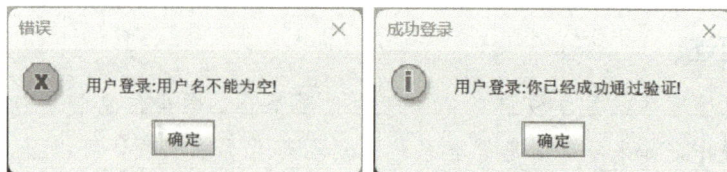

(a) 登录失败提示　　　　　　　(b) 登录成功提示

图 5-2　系统提示界面

## 5.1.2　知识储备

### 1. 图形界面编程

（1）AWT，JFC 和 Swing。Java 中有两套实现图形界面的机制，早期版本中的抽象 Windows 工具包 AWT（Abstract Windows Toolkits）和现在常用的 Swing。

AWT 可用于 Java 的 Applet 和 Application 中。它支持图形用户界面编程的功能，包括用户界面组件、事件处理模型、图形和图像工具、数据传送类等。

Java 基本类 JFC（Java Foundation Classes）是为了能以更简便的方式来创建所有平台的行为和显示都一致的应用程序而创建的。它通过添加一组 GUI 类库扩展了原始的 AWT，包括 Swing 组件集、可访问性 API、拖放 API 及 Java2D API。

Swing 是 Java l.2 引入的 GUI 组件库。Swing 包括 javax.swing 包及其子包。Swing 独立于 AWT，但它是在 AWT 基础上产生的，与 AWT 不同的是：

①Swing 是由纯 Java 实现的。Swing 组件是用 Java 实现的轻量级（light-weight）组件，没有本地代码，不依赖操作系统的支持，它比 AWT 组件具有更强的实用性。Swing 在不同的平台上表现一致，并且有能力提供本地窗口系统不支持的其他特性。

②Swing 采用了一种 MVC（Model—View—Controller）的设计范式，即"模型—视图—控制器"，其中模型用来保存内容，视图用来显示内容，控制器用来控制用户输入。

③Swing 采用可插入的外观感觉 PL8LF（Pluggable Look and Feel），允许用户选择自己喜欢的界面风格。

④Swing 组件都以 J 开头，例如 JButton 和 JPanel 等，而相应的 AWT 是 Button 和 Panel。Swing 的包是 javax.swing，而 AWT 的包是 java.awt。

本任务采用 Swing 窗口完成。

（2）Swing 组件的体系结构。Swing 组件的体系结构如图 5-3 所示。

组件从功能上可分为：

①顶层容器：是进行图形编程的基础，一切图形化的对象都必须包括在顶层容器中。顶层容器是任何图形界面程序都要涉及的主窗口，是显示并承载组件的容器组件。

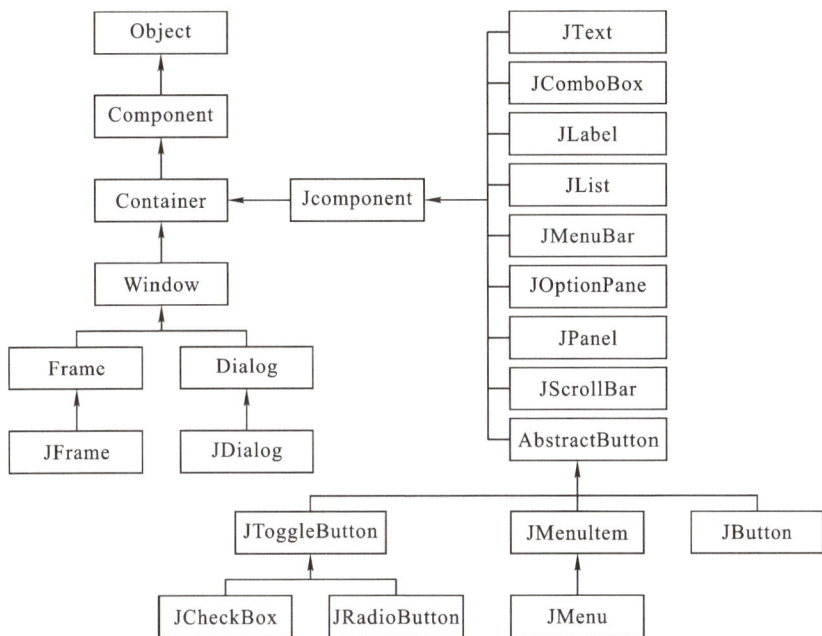

图 5 - 3　Swing 组件的体系结构

在 Swing 中有三种可以使用的顶层容器，分别是 JFrame、JDialog、JApplet 和 JWindow。

②中间容器：是容器组件的一种，也可以承载其他组件，但中间容器不能独立显示，必须依附于其他的顶层容器。常见的中间容器有 JPanel（面板）、JScrollPane、JTabbedPane 和 JToolBar。

③特殊容器：在 GUI 上起特殊作用的中间层，能够用于创建更为负责的用户界面。例如 JInternalFrame，JLayeredPane，JRootPane。

④基本控件：实现人机交互的组件，例如 JButton，JComboBox，JList，JMenu，JSlider，JTextField。

⑤不可编辑组件：向用户显示不可编辑信息的组件，例如 JLabel，JProgressBar，ToolTip。

⑥可编辑组件：向用户显示能被编辑的格式化信息的组件，例如 JColorChooser，JFileChoose，JFileChooser，JTable，JTextArea。

Swing 类库由许多包组成，通过这些包中的类相互协作来完成 GUI 设计，所以在使用 Swing 组件时需要先导入组件所在的包。其中，javax.swing 包是 Swing 提供的最大包，它包含将近 100 个类和 25 个接口，几乎所有 Swing 组件都在该包中。Swing 常用包如表 5 - 2 所示。

表 5－2　Swing 常用包

| 包名称 | 描述 |
| --- | --- |
| javax. swing | 提供一组"轻量级"组件，尽量让这些组件在所有平台上的工作方式都相同 |
| javax. swing. border | 提供围绕 Swing 组件绘制特殊边框的类和接口 |
| javax. swing. event | 提供 Swing 组件触发的事件 |
| iavax. swing. filechooser | 提供 JFileChooser 组件使用的类和接口 |
| javax. swing. table | 提供用于处理 javax. swing. JTable 的类和接口 |
| javax. swing. text | 提供类 HTMLEditorKit 和创建 HTML 文本编辑器的支持类 |
| javax. swing. tree | 提供处理 javax. swingJTree 的类和接口 |

### 2. Swing 窗口

（1）框架（JFrame）。框架是一个不被其他窗体所包含的独立窗体，是在 Java 图形化应用中容纳其他用户接口组件的基本单位，JFrame 类用来创建窗体。

JFrame 的常用构造方法如下：

JFrame()：默认构造一个初始时不可见的新窗体。

JFrame(String title)：创建一个新的、初始不可以见的、具有指定标题 title 的窗口。

JFrame 定义了很多方法，表 5－3 列出了部分常用方法。

表 5－3　JFrame 常用方法

| 方法名 | 方法说明 |
| --- | --- |
| void setDefaultCloseOperation(int operation) | 设置用户单击"关闭"按钮时的默认操作 |
| void setIconImage(Image image) | 设置窗口图标 |
| void setContentPane(Container contentPane) | 设置内容面板 |
| void setJMenuBar(JMenuBar menubar) | 设置窗口的菜单栏 |
| void repaint(long time, int x, int y, int width, int height) | 在 time 毫秒内重绘指定的矩形区域，类似于刷新 |
| void setLayout(LayoutManager manager) | 设置窗口的布局管理器 |
| void remove(Component comp) | 从该容器中移除指定控件 |
| static void setDefaultLookAndFeelDecorated (Boolean defaultLookAndFeelDecorated) | 新创建的 JFrame 是否具有外观装饰。如果为 true，则由 LookAndFeel 提供窗口装饰，否则由当前的窗口管理器为其提供 |

public void setDefaultCloseoperation(int operation)：单击窗体右上角的关闭图标后，程序做出的处理。其中，operation 取值及实现的功能如下：

JFrame. DO-NOTHING-ON-CLOSE：什么也不做。

JFrame. HIDE-ON-CLOSE：隐藏当前窗口。

JFrame. DISPOSE-ON-CLOSE：隐藏当前窗口，并释放窗体占有的其他资源。

JFrame. EXIT-ON-CLOSE：结束窗体所在的应用程序。

(2)标准对话框 JOptionPane。JOptionPane 用于创建向用户发出提示信息的标准对话框。最常见的对话框有 4 种：showMessageDialog、showConfirmDialog、showInputDialog、showOptionDialog，分别用于消息对话框、确认对话框、输入对话框和选项对话框。JOptionPane 提供了这 4 种对话框各自的静态方法。

①showMessageDialog：该类型对话框用于向用户发布提示信息，一般只有一个"确定"按钮。其常用语法格式如下：

public static void showMessageDialog（Component parentComponent，Object message）throws HeadlessException

示例代码如下：

```
JOptionPane. showMessageDialog(parentComponent,"操作成功完成。");
```

②showConfirmDialog：显示提问和一组按钮的对话框，并返回用户的选择。其常用语法格式如下：

```
public static int showConfirmDialog(Component parentComponent,
Object message,
String title,
int optionType)throws HeadlessException
```

示例代码如下：

```
int response ＝JOptionPane. showConfirmDialog(parentComponent,"您确定要退出吗?");
```

③showInputDialog：弹出一个请求用户输入的对话框，并返回用户输入的内容。其常用语法格式如下：

```
public static String showInputDialog(Component parentComponent,
Object message,
String title,
int messageType)throws HeadlessException
```

示例代码如下：

```
String name ＝JOptionPane.showInputDialog(parentComponent,"请输入您的名字:");
```

④showOptionDialog：弹出一个含有自定义选择的对话框，并返回用户的选择。其常用语法格式如下：

```
public static int showOptionDialog(Component parentComponent,
Object message,
String title,
int optionType,
int messageType,
Icon icon,
Object[] options,
Object initialValue)throws HeadlessException
```

示例代码如下：

```
Object[] options ＝ { "是","否","取消" };
int choice ＝JOptionPane.showOptionDialog(parentComponent, "您确定要继续吗?", "确认",
JOptionPane.YES _ NO _ CANCEL _ OPTION, JOptionPane.QUESTION _ MESSAGE, null, options, options
[0]);
```

JOptionPane 提供的对话框方法中，各参数表示含义如下：

①Component parentComponent，它是确定显示对话框的框架；如果为 null，或者 parentComponent 没有框架，则使用默认框架。

②Object message，是任何消息对象。（在某些旧版本中直接使用原始类型时，可能会遇到编译器错误）

③String title，指示要在对话框内显示的描述性的文字，即提示或报警的内容。

④int optionType，对话框标题栏显示的四种不同的文本如下：

1 表示 DEFAULT _ OPTION

2 表示 YES _ NO _ OPTION

3 表示 YES _ NO _ CANCEL _ OPTION

4 表示 OK _ CANCEL _ OPTION

⑤int messageType：每一种消息框都有五种不同的消息类型，消息类型不同时，弹窗所对应的图标也就不同，以下是这五种消息类型：

1 表示错误信息 ERROR _ MESSAGE

2 表示提示信息 INFORMATION _ MESSAGE

3 表示警告信息 WARNING _ MESSAGE

4 表示提问消息 QUESTION _ MESSAGE

5 表示简约无图标 PLAIN _ MESSAGE

⑥Icon icon，将覆盖默认的 MessageType 图标。

**例 5 - 1**  使用 JOptionPane 创建不同类型对话框。

```java
import javax.swing. * ;
public class JOptionPaneExample {
    public static void main(String[] args) {
        // 消息对话框
        JOptionPane.showMessageDialog(null，"欢迎使用 Swing!");

        // 确认对话框
        int confirm = JOptionPane.showConfirmDialog(null，"您确定要执行该操作吗?"，"确认"，JOptionPane.YES _ NO _ OPTION);
        if (confirm = = JOptionPane.YES _ OPTION) {
            // 用户选择了"是"
        }
        // 输入对话框
        String inputValue = JOptionPane.showInputDialog("请输入您的值:");
        // 选项对话框
        Object[] possibleValues = { "第一个"，"第二个"，"第三个" };
        Object selectedValue = JOptionPane.showInputDialog(null，"选择一个"，"自定义"，JOptionPane.INFORMATION _ MESSAGE, null, possibleValues, possibleValues[0]);
    }
}
```

运行结果如图 5 - 4 所示。

### 3. Swing 容器

（1）面板 JPanel。面板 JPanel 是一个轻量容器组件，用于容纳界面元素，以便在布局管理器的设置中可容纳更多的组件，实现容器的嵌套。虽然框架与面板都是容器，但框架可以独立显示，而面板要嵌入到框架中显示，框架带标题条、菜单条，而容器什么都不带。

（2）标签 JLabel。JLabel 用来描述静态信息，它不仅可以显示文字，还可以显示图标，并且可以指定两者的位置。JLabel 有 6 个构造方法。

①JLabel()：构造无图像且无标题 JLabel。

②JLabel(Icon image)：创建具有指定图像 image 的 JLabel 实例。

(a) showMessageDialog示例　　　　　　(b) showConfirmDialog示例

(c) showInputDialog示例　　　　　　(d) showOptionDialog示例

图 5 - 4　使用 JOptionPane 创建的不同类型对话框

③JLabel(Icon image，int horizontalAlignment)：创建具有指定图像 image、水平对齐方式 horizontalAlignment 的 JLabel 实例。HorizontalAlignment 可以是以下五种类型：

SwingConstants. LEFT(左对齐)

SwingConstants. CENTER(居中)

SwingConstants. RIGHT(靠右)

SwingConstants. LEADING（对齐文本开始边)

SwingConstants. TRAILING(对齐文本结束边)

④JLabel(String text)：构造具有指定文本的 JLabel。

⑤JLabel(String text，Icon icon，int horizontalAlignment)：创建具有指定文本 text、图像 icon 和水平对齐方式 horizontalAlignment 的 JLabel 实例。

⑥JLabel(String text，int horizontalAlignment)：创建具有指定文本 text、水平对齐方式。

(3)文本控件。

①JTextField。JTextField 用于创建文本框对象，主要用于单行文本的显示和编辑。JTextField 构造方法如下。

JTextField()：默认构造方法。

JTextField(Document doc，String text，int columns)：指定的 Document 对象创建文本框。columns 表示列数。一般情况下，JTextField 对象默认的文档类型是一个 PlainDocument 对象，这个对象允许在文本框内进行输入、删除字符的活动。该构造方法是一种特殊的构造方法。

JTextField(int columns)：构造一个具有指定列数的文本框。

JTextField(String text)：构造一个具有初始文本内容的文本框。

JTextField(String text，int columns)：构造一个指定文本、列数的文本框。

**例 5 - 2**  使用 Swing 库来创建一个窗口，并在窗口中添加一个文本框

```
import javax.swing.JFrame;
import javax.swing.JTextField;
import java.awt.Dimension;
import java.awt.FlowLayout;
public class JTextFieldExample {
    public static void main(String[] args) {
        JFrame frame = new JFrame("Java 文本控件");
        frame.setDefaultCloseOperation(JFrame.EXIT _ ON _ CLOSE);
        frame.setSize(400，300)；// 设置窗体的大小
        JTextField textField = new JTextField()；//实例化一个文本框对象
        textField.setPreferredSize(new Dimension(200，30))；// 设置文本框的大小
        frame.setLayout(new FlowLayout())；// 设置窗口的布局为流式布局
        frame.add(textField);

        frame.setVisible(true);
    }
}
```

②JPasswordField。JPasswordField 类用于创建密码框。JPasswordField 提供了一个专门的 setEchoChar()方法，用于设置用户输入数据时的回显字符，以隐藏真正的密码数据。JPasswordField 构造方法与 JTextField 类似。

如果希望在密码框中输入密码时密码显示成"＊"号，则可以通过以下代码实现：

```
JPasswordField password = new JPasswordField(10);
password.setEchoChar();
```

JPasswordField 提供了 getPassword()方法返回存储有密码的字符数组，例如：

```
import sun.security.util.Password;
public class Password {
    char[] pw = Password.getPassword();
    for(char c：pw)
    {
        System.out.print(c);
```

```
        }
        System. out. print(String. valueOf(pw)); //打印输出密码
    }
    pw = null；//建议使用完后清除存储有密码的字符数组
```

#### 4. 布局管理器

在较为复杂的界面中，要在程序的窗体中加入多个组件，每个组件都要有精确的位置，组件的位置由 Java 中的布局管理器来安置。当程序窗口大小发生变化时，组件的大小也由布局管理器进行调整。

Java 有多种布局管理器，在此仅介绍常用的几种。

##### 1) 流布局(FlowLayout)

该布局按从左至右、从上至下的方式将组件加入到容器中。

(1)流布局类 FlowLayout 的构造方法：

①public FlowLayout()：创建一个流布局类对象。

②public FlowLayout(int align)：创建一个流布局类对象，其中 align 表示对齐方式，其值有 3 个，分别是 FlowLayout. LEFT、FlowLayout. RIGHT、FlowLayout. CENTER，默认为 FlowLayout. CENTER。

③public FlowLayout(int align, int hgap, int vgap)：align 表示对齐方式；hgap 和 vgap 指定组件的水平和垂直间距，单位是像素，默认值为 5。

(2)设置容器布局为流布局的方法：

c. setLayout(FlowLayout layout)：将容器组件 c 的布局设为流布局。

例如，创建一个框架，若指定框架布局为流布局，则可用以下两种方式。

```
//方式一
JFrame f＝new JFrame();
FlowLayout fLayout＝new FlowLayout();
f. setLayout(fLayout);
//方式二
JFrame f＝new JFrame();
f. setLayout(new FlowLayout());
```

**例 5 - 3**　使用流布局放置组件。

```
import java.awt. * ;
import javax. swing. JButton;
import javax. swing. JFrame;
public class BorderLayoutDemo {
    public static void main(String[] arg){
```

```
JButton b1 = new JButton("Button1"); // 新建按钮组件

JButton b2 = new JButton("Button2");

JButton b3 = new JButton("Button3");

JButton b4 = new JButton("Button4");

JButton b5 = new JButton("Button5");

JFrame win = new JFrame("FlowStyle");

win.setLayout(new FlowLayout()); // 设置框架为流布局

win.add(b1);

win.add(b2);

win.add(b3);

win.add(b4);

win.add(b5);

win.setSize(200, 160);

win.setVisible(true);

win.setDefaultCloseOperation(JFrame.EXIT_ON_CLOSE);
        }
    }
```

运行结果如图 5-5 所示。

图 5-5　流布局示例

### 2）边界布局（BorderLayout）

边界布局将容器组件划分为 5 个区域：南（South）、北（North）、东（East）、西（West）和中（Center）。

（1）边界布局类的构造方法：

①public BorderLayout()：创建一个边界布局管理类对象。

②public BorderLayout(int hgap, int vgap)：创建一个边界布局管理类对象。其中，hgap 和 vgap 指定组件的水平和垂直间距，单位是像素，默认值为 0。

（2）设置容器的布局为边界布局的方法：

c.setLayout(BorderLayout layout)：将容器组件 c 的布局设为边界布局。若指定了容器的布局为边界布局，则向容器中加入组件，可以通过以下两种形式实现。

①add（String s, Component comp）：其中，s 代表位置，用字符串"South"、

"North"、"East"、"West"、"Center"表示。

②add（Component comp, int x）：其 中，x 是 代 表 位 置 的 常 量 值，分 别 是 BorderLayout. SOUTH、 BorderLayout. NORTH、 BorderLayout. EAST、 BorderLayout. WEST、 BorderLayout. CENTER。

说明：

①在边界布局中，向框架加入组件时，如果不指定位置，则默认把组件加到了"中（Center）"区域。

②若某个位置未被使用，则该位置将被其他组件占用。

例 5-4　按边界布局添加 5 个按钮。

```
import java. awt. * ;
importjavax. swing. * ;
class BorderLayoutDemo {
public static void main(String arg[]) {
    JButton north = new JButton("North"); // 新建按钮组件
    JButton east = new JButton("East");
    JButton west = new JButton("West");
    JButton south = new JButton("South");
    JButton center = new JButton("Center");
    JFrame win = new JFrame("Border Style");
    win. setLayout(new BorderLayout()); // 设置框架为边界布局
    win. add("North", north);
    win. add("South", south);
    win. add("Center", center);
    win. add("East", east);
    win. add("West", west);
    win. setSize(200, 200);
    win. setVisible(true);
    win. setDefaultCloseOperation(JFrame. EXIT _ ON _ CLOSE);
 }
 }
```

运行结果如图 5-6 所示。

说明：框架在不设定布局样式的情况下，默认为边界布局，而面板在不设定布局样式的情况下，默认为流布局。

3）网格布局

网格布局将容器划分成规则的行列网格样式，组件逐行加入到网格中，每个组件

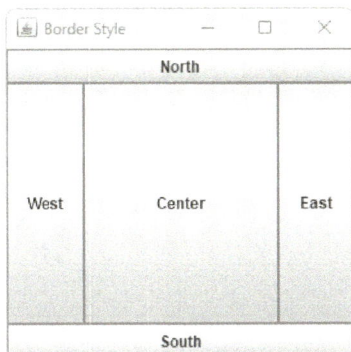

图 5-6　边界布局示例

大小一致。但当容器中放置的组件数超过网格数时，便自动增加网格列数，行数不变。

（1）网格布局类的构造方法：

①public GridLayout(int rows，int cols)：rows 表示网格行数，cols 表示网格列数。

②public GridLayout(int rows，int cols，int hgap，int vgap)：rows 表示网格行数，cols 表示网格列数；hgap 和 vgap 指定组件的水平和垂直间距，单位是像素。

（2）设置容器为网格布局的方法：

c. setLayout(GridLayout layout)：将容器组件 c 的布局设为网格布局。

**例 5-5**　使用网格布局放置组件。

```
import java.awt. * ;
import javax. swing. JButton;
import javax. swing. JFrame;
class GridLayoutDemo {
public static void main(String arg[]) {
    JButton b1 = new JButton("Button1"); // 新建按钮组件
    JButton b2 = new JButton("Button2");
    JButton b3 = new JButton("Button3");
    JButton b4 = new JButton("Button4");
    JButton b5 = new JButton("Button5");
    JButton b6 = new JButton("Button6");
    JFrame win = new JFrame("GridStyle");
    win. setLayout(new GridLayout(2,3)); // 设置框架为网格布局
    win. add(b1);
    win. add(b2);
    win. add(b3);
    win. add(b4);
```

```
win. add(b5);
win. add(b6);
win. setSize(260, 160);
win. setVisible(true);
win. setDefaultCloseOperation(JFrame. EXIT _ ON _ CLOSE);
}
}
```

运行结果如图 5-7 所示。

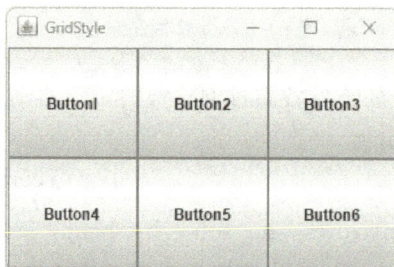

图 5-7　网格布局示例

#### 4)卡片式布局

使用卡片式布局(CardLayout)的容器可以容纳多个组件,但是实际上同一时刻容器只能从这些组件中选出一个,被显示的组件将占据容器的所有空间。

JTabbedPane 创建的对象称作选项卡窗格。选项卡窗格的默认布局是 CardLayout 卡片式布局。

选项卡窗格可以使用 add()方法:

add(String text,Component c);

add()方法将组件 c 添加到容器中,并指定与该组件 c 对应的选项卡的文本提示是 text。

使用构造方法 public JTabbedPane(int place)创建的选项卡窗格的选项卡位置由参数 place 指定,其值为 JTabbedPane. TOP、JTabbedPane. BOTTOM、JTabbedPane. LEFT、JTabbedPane. RIGHT。

**例 5-6**　利用选项卡窗格使用卡片布局。

```
import javax. swing. * ;
public class CardLayoutDemo {
    public static void main(String arg[]) {
        JFrame win = new JFrame("CardStyle");
        JTabbedPane P = new JTabbedPane(JTabbedPane. LEFT); //创建选项卡窗格
        for (int i = 1; i <= 3; i++) {
```

```
        P.add("观看第" + i + "个按钮", new JButton("按钮" + i));
    }
    win.add(P);  //将选项卡窗格加入框架中
    win.setSize(260, 160);
    win.setVisible(true);
    win.setDefaultCloseOperation(JFrame.EXIT_ON_CLOSE);
    }
}
```

运行结果如图 5-8 所示。

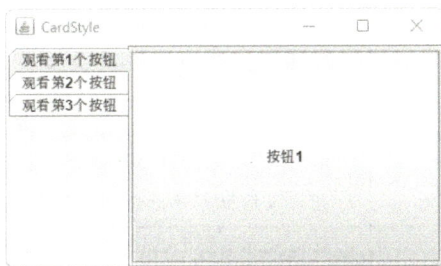

图 5-8  选项卡示例

### 5. 事件处理

控件需要与用户进行交互，例如鼠标点击按钮时能够做出反应，否则没有任何意义。

(1)什么是事件。图形用户界面通过事件机制响应用户和程序的交互。产生事件的组件称为事件源。例如，当单击某个按钮时就会产生单击事件，该按钮就称为事件源。要处理产生的事件，需要在特定的方法中编写处理事件的程序。当产生某种事件时就会调用处理这种事件的方法，从而实现用户与程序的交互，这就是图形用户界面事件处理的基本原理。

(2)事件监听。事件监听器是 Java 事件处理中的关键对象，负责识别事件源上发生的事件并自动调用相关方法处理这个事件。

事件通知通常只发送给被接收的监听器。事件监听器可以形象地看作一个职位，只要是 Java 程序运行期间存在的对象，从理论上讲都可以胜任这个职位。当某个对象被任命为某个事件的监听器后，就会留意事件源上发生的一举一动，如果监听的事件发生了，这个对象就会立刻识别并调用对应处理方法对事件进行处理。

我们既可以直接给事件源(例如按钮)添加事件监听器，也可以令当前类实现监听器接口，然后覆盖监听器接口。在这种情况下，给控件添加监听器就比较简单。当一个监听器同时监听多个控件时，在监听器的方法中需要对事件源进行判断。

(3)常见的事件处理。Java 将所有组件可能发生的事件进行分类，具有共同特征的事件被抽象为一个事件类 AWTEvent，其中包括 ActionEvent（动作事件）、MouseEvent（鼠标事件）、KeyEvent（键盘事件）等。Java 的常用事件类、处理该事件的接口及接口方法见表 5 - 4。

表 5 - 4 　Java 的常用事件类/接口名称、接口方法与说明

| 事件类/接口名称 | 接口方法与说明 |
| --- | --- |
| ActionEvent 动作事件类<br>ActionListener 接口 | actionPerformed(ActionEvent e)<br>//单击按钮、选择菜单项或在文本框中按回车键时 |
| ComponentEvent 调整事件类<br>ComponentListener 接口 | componentMoved(ComponentEvent e)//组件移动时<br>componentHidden(ComponentEvent e)//组件隐藏时<br>componentResized(ComponentEvent e)//组件缩放时<br>componentShown(ComponentEvem e)//组件显示时 |
| FocusEvent 焦点事件类<br>FocusListener 接口 | focusGained(FocusEvent e)//组件获得焦点时<br>focusLost(FocusEvent e)//组件失去焦点时 |
| ItemEvent 选择事件类<br>ItemListener 接口 | itemStateChanged(ItemEvent e)<br>//选择复选框、单选按钮，单击列表框，选中带复选框菜单时 |
| KeyEvent 键盘事件类<br>KeyListener 接口 | keyPressed(KeyEvent e)//按下键时<br>keyReleased(KeyEvent e)//释放键时<br>keyTyped(KeyEvent e)//击键时 |
| MouseEvent 鼠标事件类<br>MouseListener 接口<br>MouseEvent 鼠标事件类<br>MouseMotionListener 接口 | mouseClicked(MouseEvent e)//单击鼠标时<br>mouseEntered(MouseEvent e)//鼠标进入时<br>mouseExited(MouseEvent e)//鼠标离开时<br>mousePressed(MouseEvent e)//鼠标按下时<br>mouseReleased(MouseEvent e)//鼠标释放时<br>mouseDragged(MouseElvent e)//鼠标拖放时<br>mouseMoved(MouseEvent e)//鼠标移动时 |
| TextEvent 文本事件类<br>TextListener 接口 | textValuechanged(TextEvent e)//文本框、文本区内容修改时 |
| windowEvent 窗口事件类<br>windowListener 接口 | windowOpened(WindowEvent e)//窗口打开后<br>windowClosed(WindowEvent e)//窗口关闭后<br>windowClosing(WindowEvent e)//窗口关闭时<br>windowActivated(WindowEvent e)//窗口激活时<br>windowDeactivated(WindowEvent e)//窗口失去焦点时<br>windowIconified(WindowEvent e)//窗口最小化时<br>windowDeiconified(WindowEvent e)//最小化窗口还原时 |
| AdjustmentEvent 调整事件类<br>AdjustmentListener 接口 | adjustmentValueChanged(AdjustmentEvent e)<br>//改变滚动条滑块位置 |

每个事件类都提供方法：public Object getSource()，当多个事件源触发的事件由一个共同的监听器处理时，通过该方法可判断当前的事件源是哪一个组件。

## 5.1.3　任务实施

```java
package sxpi.book.ch05；
import java.awt.＊；
import java.awt.event.＊；
import javax.swing.＊；
public class GraphicsLogin extends JFrame {
    private static final longserialVersionUID ＝ 1L；
    private Containerglc；
    private UserLogin uLogin；
    private JLabel jlTitle，jlUser，jlPwd；
    private JTextField tfUser；
    private JPasswordField pfPwd；
    private JButton jbOK，jbExit；
    public GraphicsLogin() {
        setTitle("登录窗口")；
        glc ＝ this.getContentPane()；
        uLogin ＝ new UserLogin()；
        glc.add(uLogin)；
        EventInit()；
        this.setDefaultCloseOperation(3)；
        setBounds(200，200，300，200)；
        setVisible(true)；
    }
    private void EventInit() {
        jbOK.addActionListener(new ActionListener() {
            public void actionPerformed(ActionEvent e) {
                if (tfUser.getText().trim().length() ＝＝ 0) {
                    JOptionPane.showMessageDialog(null，"用户登录：用户名不能为空!"，"错
                        误"，0)；
                    tfUser.setText("")；
                    tfUser.requestFocus()；
                    return；
                }
                if (extracted().trim().length() ＝＝ 0) {
```

```
                    JOptionPane. showMessageDialog(null, "用户登录：密码不能为空!",
                    "错误", 0);
                    pfPwd. setText("");
                    pfPwd. requestFocus();
                    return;
                }
                if (tfUser. getText(). trim(). equals("Admin")
                        && extracted(). trim(). equals("Login"))
                    JOptionPane. showMessageDialog(null, "用户登录：你已经成功通过验证!","
                    成功登录", 1);
                glc. remove(uLogin);
                glc. validate();
            }
            private String extracted() {
            return String. valueOf(pfPwd. getPassword()); //返回存储有密码的字符数组
            }
        });
        jbExit. addActionListener(new ActionListener() {
            public void actionPerformed(ActionEvent e) {
                System. exit(0);
            }
        });
    }
class UserLogin extends JPanel {
    private static final long serialVersionUID = 1L;
    public UserLogin() {
        setLayout(new GridLayout(5, 5));
        JPanel jp0, jp1, jp2, jp3;
            jp0 = new JPanel();
            jp1 = new JPanel();
            jp2 = new JPanel();
            jp3 = new JPanel();
            add(jp0);
            add(jp1);
            add(jp2);
            add(jp3);
            jlTitle = new JLabel("学生信息管理系统");
            jlTitle. setFont(new Font("宋体", 1, 20));
```

```
        jp0.add(jlTitle);
        jlUser = new JLabel("用户:");
        tfUser = new JTextField(12);
        jp1.add(jlUser);
        jp1.add(tfUser);
        jlPwd = new JLabel("密码:");
        pfPwd = new JPasswordField(12);
        jp2.add(jlPwd);
        jp2.add(pfPwd);
        jbOK = new JButton("确定");
        jbExit = new JButton("退出");
        jp3.add(jbOK);
        jp3.add(jbExit);
    }
    public static void main(String[] args) {
        new GraphicsLogin();
    }
}
```

程序运行结果如图 5-1 所示。

# 5.1.4 知识拓展

### 1. 标签化面板 JTabbedPane

JTabbedPane 为用户提供了在一组控件之间进行切换的能力。

JTabbedPane 类的构造方法如下：

（1）JTabbedPane()：创建一个默认的具有 JTabbedPane. TOP 选项卡布局的标签化面板。

（2）JTabbedPane(int tabPlacement)：使用指定的布局 tabPlacement 创建一个标签化面板。

TabPlacement 可以是这些布局中的一种：JTabbedPane. TOP、JTabbedPane. BOTTOM、JTabbedPane. LEFT 或 JTabbedPane. RIGHT。

（3）JTabbedPane(int tabPlacement，int tabLayoutPolicy)：使用指定布局和指定布局策略创建一个标签化面板。布局策略可以是两种之一：JTabbedPane. WRAP _ TAB _ LAYOUT(自动折行)、JTabbedPane. SCROLL _ TAB _ LAYOUT(滚动选项卡)。

JTabbedPane 提供了 addTab()方法用于添加选项卡标签，该方法格式如下：

（1）void addTab（String title，Component component）：添加一个标签标题为 title 且没有图标的选项卡标签。component 为单击此选项卡时要显示的控件，各参数可以为 null。

（2）void addTab（String title，Icon icon，Component component）：添加一个标签标题为 title、图标为 icon 的选项卡标签。

（3）void addTab（String title，Icon icon，Component component，String tip）：添加一个标签标题为 title、图标为 icon 的选项卡标签。tip 为鼠标指向选项卡标签时显示的提示文字。

### 2. 拆分面板 JSplitPane

JSplitPane 用于将两个控件进行图形化分隔，而且这两个控件可以由用户交互式调整大小。JSplitPane 并不是一个真正意义上的布局管理器，只是一个标准的管理器而已。JSplitPane 的构造方法如下：

（1）JSplitPane()：默认构造方法。将控件水平排列。

（2）JSplitPane(int newOrientation)：创建一个指定方向 newOrientation 且无连续布局的 JSplitPane。

方向可以是 JSplitPane. HORIZONTAL _ SPLIT（水平）、JSplitPane. VERTICAL _ SPLIT（垂直）。

（3）JSplitPane(int newOrientation. boolean newContinuousLayout)：创建一个具有指定方向、指定重绘方式 newContinuousLayout 的 JSplitPane。重绘方式为 true 表示当分隔条改变位置时连续重绘控件，否则只有当分隔条位置停止改变时才重绘控件。

（4）JSplitPane（int newOrientation，boolean newContinuousLayout，Component newLeftComponent，Component newRightComponent）：创建一个具有指定方向、重绘方式和控件的 JSplitPane。

newLeftComponent 控件出现在水平分隔面板的左边或者垂直分隔面板的顶部，newRightComponent 控件出现在水平分隔面板的右边或者垂直分隔面板的底部。

（5）JSplitPane（int newOrientation，Component newLeftComponent，Component newRightComponent）：创建一个具有指定方向、指定控件、不连续重绘的 JSplitPane。

**例 5 - 7** JSplitPane 使用的示例，运行结果如图 5 - 9 所示。

```
public class AnimalShowcaseUI {
......

    private void initializeUI() {
        frame = new JFrame("动物展示系统");
        frame. setSize(800，600);
        frame. setDefaultCloseOperation(JFrame. EXIT _ ON _ CLOSE);
        frame. setLocationRelativeTo(null);
```

图 5 - 9　JSplitPane 的使用效果

```
// 创建右侧动物列表
String[] animalNames = animals. stream()
    .map(Animal:: getName)
    .toArray(String[]:: new);

animalList = new JList<>(animalNames);
animalList. setSelectionMode(ListSelectionModel. SINGLE _ SELECTION);
animalList. setSelectedIndex(0);
animalList. setFont(new Font("微软雅黑",Font. PLAIN,16));

// 创建左侧面板
JSplitPane leftSplitPane = createLeftPanel();

// 主分割面板
mainSplitPane = new JSplitPane(
    JSplitPane. HORIZONTAL _ SPLIT,
```

```
        leftSplitPane,
        new JScrollPane(animalList)
    );
    mainSplitPane. setDividerLocation(600);
    mainSplitPane. setResizeWeight(0. 7);

    frame. add(mainSplitPane);
}
......
}
```

# 任务5.2 数据输入/输出模块的界面设计

## 5.2.1 任务分析

数据输入/输出是信息管理类软件必不可少的模块之一。友好的界面、良好的数据环境是界面设计的重要标准。本任务主要实现学生信息浏览和信息输入界面的设计工作。数据输入/输出模块的运行界面如图5-10、图5-11所示。

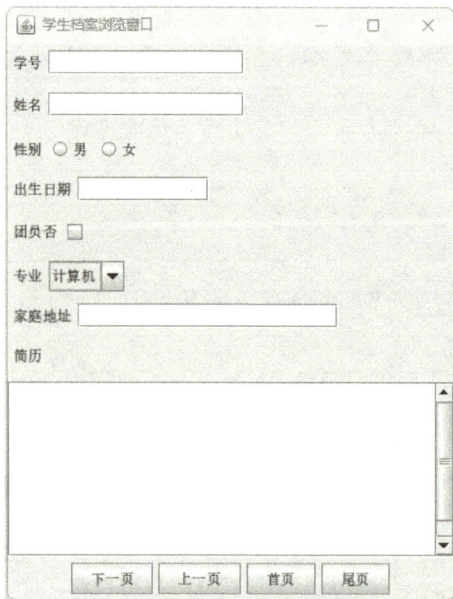

图5-10 学生信息浏览界面

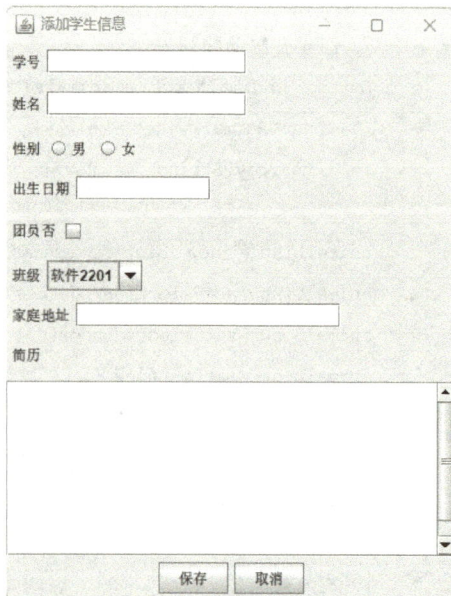

图5-11 学生信息添加界面

## 5.2.2 知识储备

### 1. 复选框、单选钮和项目事件

复选框(JCheckBox)可以选择多项，而单选钮(JRadioButton)只能选择一项。

JCheckBox 与 JRadioButton 为 JToggleButton 的子类，因此它们可以使用 AbstractButton 抽象类里面许多较好的方法，如 addItemListener()，setText()，isSelected()等。

(1)复选框。复选框的构造方法如下：

JCheckBox()：建立一个新的 JChcekBox。

JCheckBox(Icon icon)：建立一个有图像但没有文字的 JCheckBox。

JCheckBox(Icon icon，boolean selected)：建立一个有图像但没有文字的 JCheckBox，且设置其初始状态(是否选中)。

JCheckBox(String text)：建立一个有文字的 JCheckBox。

JCheckBox(String text，boolean selected)：建立一个有文字的 JCheckBox，且设置其初始状态(是否选中)。

JCheckBox(String text，Icon icon)：建立一个有文字且有图像的 JCheckBox，初始状态为未被选中。

JCheckBox(String text，Icon icon，boolean selected)：建立一个有文字且有图像的 JCheckBox，且设置其初始状态(是否选中)。

(2)单选钮。单选钮的构造方法如下：

JRadioButton()：建立一个新的 JRadioButton。

JRadioButton(Icon icon)：建立一个有图像但没有文字的 JRadioButton。

JRadioButton(Icon icon，boolean selected)：建立一个有图像但没有文字的 JRadioButton，且设置其初始状态(是否选中)。

JRadioButton(String text)：建立一个有文字的 JRadioButton。

JRadioButton(String text，boolean selected)：建立一个有文字的 JRadioButton，且设置其初始状态(是否选中)。

JRadioButton(String text，Icon icon)：建立一个有文字且有图像的 JRadioButton，初始状态为未被选取。

JRadioButton(String text，Icon icon，boolean selected)：建立一个有文字且有图像的 JRadioButton，且设置其初始状态(是否选中)。

单选钮在使用时需要分组，建立组的方法如下：

ButtonGroup group＝new ButtonGroup()；//建立组

group.add(rabSex)；//将单选钮添到组中

（3）复选框和单选钮常用的方法：

String getActionCommand()：获得 actionCommand。

Icon getIcon()：获得图标。

String getText()：获得文字。

void setActionCommand(String actionCommand)：设置 actionCommand。

void setText(String text)：设置文字属性。

boolean isSelected()：判断是否处于选中状态。

setSelected(boolean b)：设置选中状态。

（4）项目事件。当复选框或单选钮中的选项被选取或清除时，它会触发项目事件（ItemEvent）。如果需要处理项目事件则需要对控件加入事件监听器（ItemListener），使用 ItemListener 类非常简单，主要分为以下几个步骤：

①创建一个实现了 ItemListener 接口的监听器类。

②在监听器类中实现 itemStateChanged()方法，根据状态变化进行相应的操作。

③将监听器注册到相应的用户界面元素上。

ItemEvent 类共提供了 4 种方法可以使用，分别是 getItem()，gethemSelectable()，getStateChange()，paramString()。使用 gethem()与 paramString()方法可返回 JCheckBox 的状态值。

ItemListener 类是 Java AWT 包中的一个接口，用于监听用户界面元素的状态变化。它可以方便地实现对复选框、单选按钮、下拉列表等用户界面元素的状态变化的监听和响应。ItemListener 接口中只有一个方法，即 itemStateChanged(ItemEvent e)。该方法在用户界面元素的状态发生变化时被调用，其格式如下：

public void itemStateChanged(ItemEvent e){}

**例 5-8** 判断复选框是否被选中，并在 Console 输出选中结果。

```java
import java.awt.*;
import java.awt.event.*;
import javax.swing.*;
public class ItemListenerExample extends JFrame implements ItemListener {
    private JCheckBox checkBox;
    public ItemListenerExample() {
        //创建复选框
        checkBox = new JCheckBox("选择我");
        checkBox.addItemListener(this); // 将监听器注册到复选框上
        //创建面板，并将复选框添加到面板中
        JPanel panel = new JPanel();
        panel.add(checkBox);
```

```
    //将面板添加到窗口中
    getContentPane().add(panel);
    //设置窗口标题、大小和关闭方式
    setTitle("ItemListener 示例");
    setSize(300,200);
    setDefaultCloseOperation(JFrame.EXIT_ON_CLOSE);
    setVisible(true);
}
public void itemStateChanged(ItemEvent e){
    //复选框状态发生变化时的处理
    if (e.getStateChange() == ItemEvent.SELECTED){
        System.out.println("复选框被选中");
    } else if (e.getStateChange() == ItemEvent.DESELECTED){
        System.out.println("复选框被取消选中");
    }
}
public static void main(String[] args){
    new ItemListenerExample();
}
}
```

在事件处理中存在触发多个项目事件，可以使用 e.getItemSelectable()获得事件源，如果想进一步判断是哪种组件触发的事件，则可以使用 instanceOf 运算符判断。此外，利用 e.getStateChange()可以判断组件是否处于选中状态，如果选中，返回的值为 ItemEvent.SELECTED。

### 2. 组合框

组合框(JComboBox)是文本编辑区和列表的组合。可以在文本编辑区中输入选项，也可以单击下拉按钮从显示的列表中进行选择。默认组合框是不能编辑的，需要通过setEditable(true)设为可编辑。

组合框的构造方法：

JComboBox()：建立一个无选项的 JComboBox 组件。

JComboBox(ComboBoxModel aModel)：用数据模型建立一个 JComboBox 组件。

JComboBox(Object[] items)：利用数组对象建立一个 JComboBox 组件。

JComboBox(Vector items)：利用向量对象建立一个 JComboBox 组件。

常用的方法有：

void addhem(Object object)：通过字符串类或其他类加入选项。

int gethemCount()：获取条目的总数。

void removehem(Object object)：通过字符串类或其他类删除选项。

void removeItemAt(int index)：通过索引删除选项。

void insertItemAt(Object object，int index)：在特定的位置插入元素。

int getSelectedIndex()：获得所选项的索引值(索引值从 0 开始)。

Object getSelectedItem()：获得所选项的内容。

JComboBox 的事件可分为两种：一种是取得用户选取的项目；另一种是用户在 JComboBox 上自行输入完毕后按下回车键。对于第一种事件的处理，使用 ItemListener；对于第二种事件的处理，使用 ActionListener。

group. add(rabSex)；//将单选钮添到组中

复选框和单选钮常用的方法：

String getActionCommand()：获得 actionCommand。

Icon getIcon()：获得图标。

String getText()：获得文字。

void setActionCommand(String actionCommand)：设置 actionCommand。

void setText(String text)：设置文字属性。

boolean isSelected()：判断是否处于选中状态。

setSelected(boolean b)：设置选中状态。

### 3. 滚动面板

滚动面板(JScrollPane)是带滚动条的面板，主要是通过移动 JViewport(视口)来实现的。在 Swing 中，像 JTextArea，JList，JTable 等组件都没有自带滚动条，因此需要利用滚动面板附加滚动条。

JScrollPane 的构造方法：

JScrollPane()：建立一个空的 JSerollPane 对象。

JScrollPane(Component view)：建立一个新的 JScrollPane 对象，当组件内容大于显示区域时会自动产生滚动条。

JScrollPane(Component view，int vsbPoliey，int hsbPoliey)：建立一新的 JScrollPane 对象，里面含有显示组件，并设置滚动条的显示策略。

JScrollPane(int vsbPolicy，int hsbPolicy)：建立一个新的 JScrollPane 对象，里面不含有显示组件，但设置滚动条的显示策略。

利用下面的参数来设置滚动条出现的显示策略：

HORIZONTAL _ SCROLLBAR _ ALWAYS：显示水平滚动条。

HORIZONTAL _ SCROLLBAR _ AS _ NEEDED：当组件内容水平区域大于显示区域时出现水平滚动条。

HORIZONTAL _ SCROLLBAR _ NEVER：不显示水平滚动条。

VERTICAL _ SCROLLBAR _ ALWAYS：显示垂直滚动条。

VERTICAI _ SCROLLBAR _ AS _ NEEDED：当组件内容的垂直区域大于显示区域时出现垂直滚动条。

VERTICAL _ SCROLLBAR _ NEVER：不显示垂直滚动条。

例如，给文本区 textarea 组件加滚动条。

JTextArea textarea ＝ new JTextArea(10，20)；

JScrollPane pp ＝ new JScrollPane(textarea)；

getContentPane(). add(pp)；

JScrollPane 除了具有滚动条外，它还可以设置表头(Header)名称、边角(Corner)图案与 ScrollPane 外框，使 JScrollPane 更具有变化。

例如：

scrollPane. setViewportView(panell)；//设置滚动窗显示面板 panell

scrollPane. setColumnHeaderView(new JLabel("水平表头"))；//设置水平表头

scrollPane. setRowHeaderView(new JLabel("垂直表头"))；//设置垂直表头

scrollPane. setViewportBorder(BorderFactory. createBevelBorder
    (BevelBorder. LOWERED))；

//设置 scrollPane 的边框为凹陷立体边框

scrollPane. setCorner ( JScrollPane. UPPER _ LEFT _ CORNER，llew _ JLabel
(new ImageIcon("glass. jpg")))；//设置左上角图标

JScrollPane 为矩形形状，因此就有 4 个位置来摆放边角(Corner)组件，这 4 个地方分别是左上、左下、右上、右下，对应的参数分别如下：

JscrollPane. UPPER _ LEFT _ CORNER

JscrollPane. LOWER _ LEFT _ CORNER

JscrollPane. UPPER _ RIGHT _ CORNER

JscrollPane. LOWER _ RIGHT _ CORNER

## 5.2.3　任务实施

### 1. 学生信息浏览模块的实现

```
package sxpi. book. ch05；
import java. awt. ＊；
import javax. swing. ＊；
import java. util. ＊；
class StudentDataWindow extends JFrame {
```

```
private static final long serialVersionUID = 1L;
String title[] = { "学号","姓名","性别","出生日期","团员否","专业","家庭地址",
"简历" };
JTextField txtNo = new JTextField(2);
JTextField txtName = new JTextField(10);
JTextField txtBirthDate = new JTextField(5);
JTextField txtAddress = new JTextField(30);
JTextArea txtResume = new JTextArea(); //定义文本区域
ButtonGroup group = new ButtonGroup(); //定义组
JRadioButton rabSexM = new JRadioButton("男", true); //
JRadioButton rabSexF = new JRadioButton("女", false); //定义单选钮
JCheckBox chbMember = new JCheckBox("", false); // 定义复选框
JComboBox cobSpeciality = new JComboBox(); //定义组合框
JButton next = new JButton("下一页");
JButton prev = new JButton("上一页");
JButton first = new JButton("首页");
JButton last = new JButton("尾页");
StudentDataWindow() {
    super("学生档案浏览窗口");
    Container con = getContentPane();
    con.setLayout(new BorderLayout()); // 设置边界布局
    setSize(450, 440);
    cobSpeciality.addItem("计算机"); // 向组合框中添加条目
    cobSpeciality.addItem("电子");
    cobSpeciality.addItem("自动化");
    cobSpeciality.addItem("管理");
    cobSpeciality.setSelectedIndex(0);
    group.add(rabSexM);
    group.add(rabSexF); // 为单选钮分组
    JPanel p[] = new JPanel[7]; // 建立面板数组
    for (int i = 0; i < 7; i++) {
        p[i] = new JPanel(new FlowLayout(FlowLayout.LEFT)); // 建立面板
        p[i].add(new JLabel(title[i])); // 建立并添加标签
    }
    p[0].add(txtNo);
    p[1].add(txtName);
    p[2].add(rabSexM);
    p[2].add(rabSexF);
```

```
        p[3].add(txtBirthDate);
        p[4].add(chbMember);
        p[5].add(cobSpeciality);
        p[6].add(txtAddress);
        JPanel top = new JPanel(); // 建立面板 top，用于放置 p[0]～p[6]
        top.setLayout(new GridLayout(7,1)); // 面板 top 设置网格布局
        for (int i = 0; i < 7; i++)//将面板 p[0]～p[6]添加到 top
            top.add(p[i]);
        JPanel center = new JPanel(); //该面板用于放置 centerleft, centerright
        center.setLayout(new BorderLayout()); // 设置 center 为边界布局
        JPanel centerleft = new JPanel(); // 用于放置简历标签
        centerleft.add(new Label(title[7]));
        JPanel centerright = new JPanel(); // 用于放置简历文本区
        JScrollPane jp = new JScrollPane(txtResume,
            JScrollPane.VERTICAL_SCROLLBAR_ALWAYS,
            ScrollPane.HORIZONTAL_SCROLLBAR_ALWAYS); // 建立滚动面板
        jp.setPreferredSize(new Dimension(350,80)); // 预设大小
        getContentPane().add(jp); // 将滚动面板添加到 centerright
        JPanel bottom = new JPanel(); // 建立面板 bottom 用于放置按钮
        bottom.add(next);
        bottom.add(prev);
        bottom.add(first);
        bottom.add(last);
        center.add(centerleft, "West");
        center.add(centerright, "Center");
        con.add(top, "North");
        con.add(center, "Certter");
        con.add(bottom, "South");
        setVisible(true);
    }
    public static void main(String[] args) {
        JFrame.setDefaultLookAndFeelDecorated(true);
        Font font = new Font("Frame", Font.PLAIN, 14);
        Enumeration keys = UIManager.getLookAndFeelDefaults().keys();
        while (keys.hasMoreElements()) {
            Object key = keys.nextElement();
            if (UIManager.get(key) instanceof Font)
                UIManager.put(key, font);
```

```
            }
        new StudentDataWindow();
    }
}
```

运行结果如图 5 - 10 所示。

## 2. 学生信息添加窗口的实现

```
import java.awt. * ;
import javax.swing. * ;
import java.util. * ;
class StudentDataUpdate extends JFrame implements ActionListener {
    private static final long serialVersionUID = 1L;
    String title[] = { "班级", "学号", "姓名", "性别", "出生日期", "团员否", "家庭地址",
"简历"};
        JComboBox combClassID = new JComboBox();
        JTextField txtNo = new JTextField(6);
        JTextField txtName = new JTextField(10);
        JTextField txtBirthDate = new JTextField(10);
        JTextField txtAddress = new JTextField(30);
        JTextArea txtResume = new JTextArea();
        JRadioButton radioSexM = new JRadioButton("男", true);
        JRadioButton radioSexF = new JRadioButton("女", false);
        JCheckBox checkIsMember = new JCheckBox("", false);
        JButton ok = new JButton("保存");
        JButton cancel = new JButton("取消");
        Statement stmt;
        ResultSet rs;
        int No;
        StudentDataUpdate(int No) {
            this.No = No;
            if (No == -1)
                setTitle("添加学生信息");
            else
                setTitle("修改学生信息");
            try {
                Container con = getContentPane();
                con.setLayout(new BorderLayout(0, 5)); //设置边界布局
```

```
        ButtonGroup bgp = new ButtonGroup(); // 为单选钮分组
        bgp.add(radioSexM);
        bgp.add(radioSexF);
        setSize(450, 410);
        JPanel p[] = new JPanel[7];
        for (int i = 0; i < 7; i++) {
            p[i] = new JPanel(new FlowLayout(FlowLayout.LEFT, 10, 0));
            p[i].add(new JLabel(title[i]));
        }
        p[0].add(combClassID);
        p[1].add(txtNo);
        p[2].add(txtName);
        p[3].add(radioSexM);
        p[3].add(radioSexF);
        p[4].add(txtBirthDate);
        p[5].add(checkIsMember);
        p[6].add(txtAddress);
        JPanel p1 = new JPanel(new GridLayout(7, 1, 0, 5));
        for (int i = 0; i < 7; i++)
            p1.add(p[i]);
        JPanel p2 = new JPanel(new FlowLayout(FlowLayout.LEFT, 10, 0));
        JScrollPane jp = new JScrollPane(txtResume,
                JScrollPane.VERTICAL_SCROLLBAR_ALWAYS,
                JScrollPane.HORIZONTAL_SCROLLBAR_NEVER);
        jp.setPreferredSize(new Dimension(370, 80));
        p2.add(new JLabel(title[7]));
        p2.add(jp);
        JPanel p3 = new JPanel();
        p3.add(ok);
        p3.add(cancel);
        con.add(p1, "North");
        con.add(p2, "Center");
        con.add(p3, "South");
        ok.addActionListener(this);
        cancel.addActionListener(this);
    } catch (Exception e) {
        e.printStackTrace();
    }
```

```
        setVisible(true);
    }
    public static void Creat() {
        Font font = new Font("JFrame", Font.PLAIN, 14);
        Enumeration keys = UIManager.getLookAndFeelDefaults().keys();
        while (keys.hasMoreElements()) {
            Object key = keys.nextElement();
            if (UIManager.get(key) instanceof Font)
                UIManager.put(key, font);
        }
        // new StudentDataUpdate(-1); //添加新记录的调用方法
        new StudentDataUpdate(-1); //修改学号为 2 的记录
    }
}
```

程序运行结果如图 5-11 所示。

## 5.2.4　知识拓展

在输入数据时，文本框只能输入一行数据，当输入的数据较多时将产生很大制约。采用文本区(JTextArea)组件可以输入大量数据，文本区通常与滚动窗口结合使用。

JTextField 只能输入一行文本，如想让用户输入多行文本，可以使用 JTextArea，它允许用户输入多行文字。

(1)文本区的常用构造方法。

①public JTextArea()：创建一个空的文本区。

②JTextArea(int rows, int columns)：创建一个指定行数和列数的文本区。

③JTextArea(String s, int rows, int columns)：创建一个指定文本、行数和列数的文本区。

(2)文本区的常用实例方法。

①public void append(String s)：在文本区尾部追加文本内容 s。

②public void insert(String s, int position)：在文本区 position 处插入文本 s。

③public void setText(String s)：设置文本区中的内容为文本 s。

④public String getText()：获取文本区的内容。

⑤public String getSelectedText()：获取文本区中选中的内容。

⑥public void replaceRange(String s, int start, int end)：把文本区中从 start 位置开始至 end 位置之间的文本用 s 替换。

⑦public void setCaretPosition(int position)：设置文本区中光标的位置。

⑧public int getCaretPosition()：获得文本区中光标的位置。

⑨public void setSelectionStart(int position)：设置要选中文本的起始位置。

⑩public void setSelectionEnd(int position)：设置要选中文本的终止位置。

⑪public int getSelectionStart()：获取选中文本的起始位置。

⑫public int getSelectionEnd()：获取选中文本的终止位置。

⑬public void selectMl()：选中文本区的全部文本。

⑭setgineWrap(boolean)：设定文本区是否自动换行。

⑮getLineCount()：获取文本区共有的文本行数。

**例 5 - 9**　要完成文本区内容的复制，实现的代码如下：

```
import javax. swing. * ;
import java. awt. * ;
public class CopyTextFrame extends JFrame
{
    JextArea t1，t2;
    JScrollPane s1，s2;
    public copyTextFrame()
    {
        t1＝new JTextArea("I'm learning java! what are you doing!");
        t1. setLineWrap(true); //没置自动换行
        t2＝new JTextArea();
        t2. setLineWrap(true);
        s1＝new JScrollPane(t1);    //向文本区加入滚动面板
        s2＝new JScrollPane(t2);
        setLayout(new GridLayout(1，2));
        add(s1);
        add(s2);
        setSize(300，200);
        setVisible(true);
        setDefaultCloseOperation(JFrame. EXIT _ ON _ CLOSE);
        t1. setSelectionStart(18); //设置选中起始位置
        t1. setSelectionEnd(37); //设置选中终止位置
        String s＝t1. getSelectedText();
        t2. setText(s);
    }
    public static void main(String arg[ ])
    {
        new CopyTextFrame();
    }
}
```

# 任务 5.3　信息查询模块的界面设计

## 5.3.1　任务分析

　　信息管理系统中查询界面也是系统必不可少的一部分，实现了对信息的条件查询。查询模块运行的界面如图 5-12 所示。

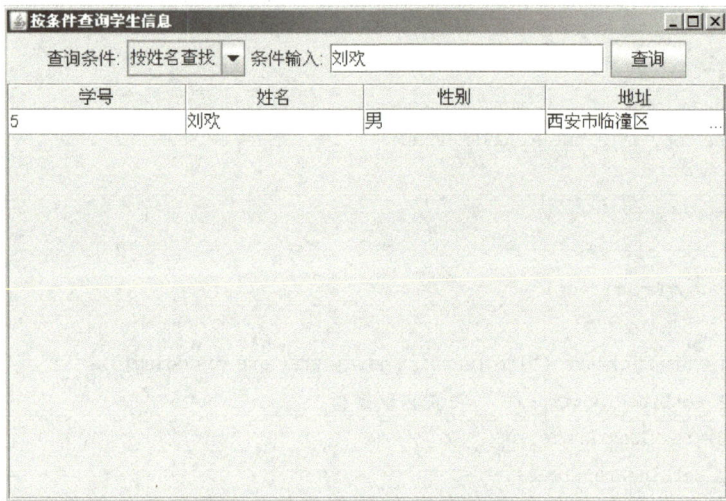

图 5-12　学生信息查询界面

## 5.3.2　知识储备

　　JTable 是一种可以创建二维表格的控件，也是 Swing 包中最复杂的控件。表格以行和列的形式显示数据，在对数据库进行操作的程序中经常被用到。

### 1. 创建表格

　　最简单的创建表格的方法是使用 JTable 类实现表格，常用构造方法如下：

　　JTable()：构造一个默认的 JTable，使用默认的数据模型、默认的列模型和默认的选择模型对其进行初始化。

　　JTable(int numRows, int numColumns)：使用 DefaultTableModel 构造具有 numRows 行和 numColumns 列个空单元格的 JTable。

　　JTable(Object[][] rowData, Object[] columnNames)：构造一个 JTable 来显示二维数组 rowData 中的值，其列名称为 columnNames。其中，RowData 为提供表格数据的二维数组(第一维表示行数据、第二维表示列数据)，columnNames 为存放表格标题的一维数组。

**例 5 - 10**　使用 JTable 创建一个学生信息表。

```
package sxpi.book.ch05;
import javax.swing.JFrame;
import javax.swing.JScrollPane;
import javax.swing.JTable;
public class TableDemo extends JFrame {
    private static final long serialVersionUID = 1L;
    String[][] rowData = { { "001","张三","湖北武汉","信息管理" },
            { "002","王小明","湖南长沙","软件技术" },{ "005","王军军","陕西西安",
            "计算机应用技术" },{ "007","李晓明","山东临沂","数字媒体技术" } };
    String[] caption = { "学号","姓名","籍贯","专业" };
    public TableDemo() {
        final JTable table1 = new JTable(rowData, caption);
        final JScrollPane panel = new JScrollPane(table1);
        getContentPane().add(panel);
        setSize(300, 100);
        setVisible(true);
        setTitle("表格演示");
    }
    public static void main(String[] args) {
        new TableDemo();
    }
}
```

代码运行结果如图 5 - 13 所示。

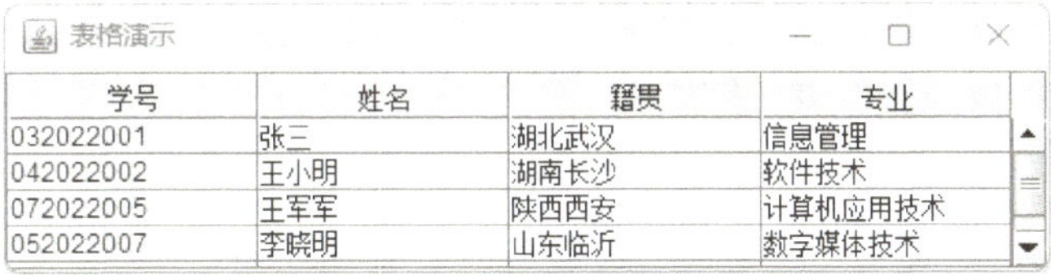

**图 5 - 13　创建表格演示**

　　由于表格本身不带滚动功能，上述代码都将表格加入到滚动面板，以实现数据的滚动浏览效果。如果不希望表格滚动，可以将上面的代码稍作改动，运行结果如图5 - 14所示。

```
setLayout(new BorderLayout());
add(table1.getTableHeader(), BorderLayout.PAGE_START);
```

add(table1,BorderLayout.CENTER);

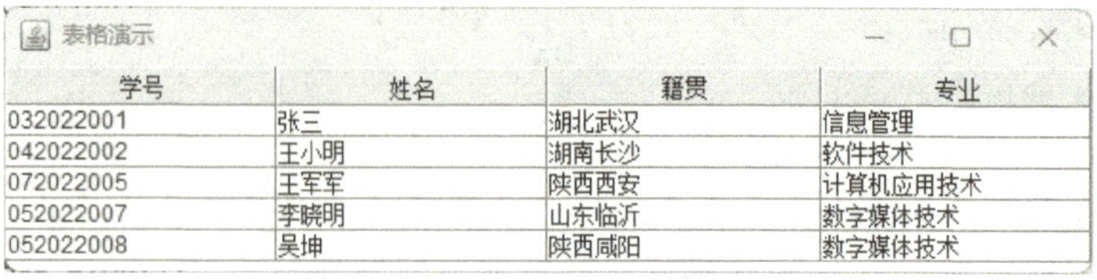

图 5- 14　不带滚动条的表格演示

### 2. 定制表格

有时我们可能希望对表格进行一些修改，例如，设置选中行的背景色、单元格的调整模式、是否允许选择多行等。JTable 提供了多达 200 多个方法，用于处理表格。详见 Java API 文档。

另外，JTable 提供了几个静态变量，用于设置表的自动调整模式和选择模式，具体如下：

- Jtable. AUTO RESIZE ALL COLUMNS：自动调整所有的列。
- Jtable. AUTO RESIZE LAST COLUMN：只对最后一列进行调整。
- Jtable. AUTO RESIZE NEXT COLUMN：对下一列进行相反方向的调整。
- Jtable. AUTO RESIZE OFF：关闭自动调整。
- Jtable. AUTO RESIZE SUBSEQUENT：更改后续列以保持总宽度不变。默认设置。
- ListSelectionModel. SINGLE SELECTION：单个选择。
- ListSelectionModel. SINGLE INTERVAL SELECTION：连续间隔选择。
- ListSelectionModel. MULTIPLE INTERVAL SELECTION：任意选择，默认设置。

### 3. 使用表格模型

如果仅仅现在这样应用表格，用来展示数据还是可以的，但难以存储表格的数据，这就需要用到表格模型。

#### 1)表格模型简介

JTable 不负责表格数据的存储，而是由表格模型 TableModel 来负责管理表格数据。表格模型是对表格数据的封装，这样一来表格只负责显示数据，而模型则负责控制数据，处理起来更为方便。

JTable 本身也提供了使用表格模型来存储数据的构造方法，例如 JTable (TableModel dm)。TableModel 是 javax. swing. table 包中定义的一个接口，Java 同时提供了一个实现 TableMode1 接口方法的 AbstractTableModel 抽象类。

对于一般处理，Java 还在 javax. swing. table 包中提供了一个继承自 AbstractTableModel 的 DefaultTableModel 类。DefaultTableModel 使用 Vector 来存储

单元格的值对象，是 TableModel 的一个实现。DefaultTableModel 的构造方法如下。

DefaultTableModel()：构造一个零行零列的 DefaultTableModel。

DefaultTableModel(int rowCount. int columnCoun)：构造一个具有 rowCount 行、columnCount 列的 DefaultTableModel。

DefaultTableModel（Object [ ] [ ] data，Object [ ] columnNames）：构造一个 DefaultTableModel，并使用 data 数据初始化表格。列名由 columnNames 指定。

DefaultTableModel（Obiect [ ] columnNames，int rowCount）：构造一个 DefaultTableModel，列数与 columnNames 中元素的数量相同，表格中的数据为 rull。

DefaultTableModel （ Vector columnNames，int rowCount）：构造一个 DefaultTableModel，列数与 columnNames 中元素的数量相同。

DefaultTableModel(Vector data. Vector columnNames)：使用向量来构造一个 DefaultTableModel。

### 2）利用表格模型创建表格

创建方法非常简单，可以使用 DefaultTableModel 来创建表格，具体代码如下：

```
String[] caption = {"列 1","列 2"};
Integer[][] data = new Integer[6][2];
for(int i = 0；i<6；i++){
    for(int j = 0；j<2；j++){
        data[i][j] = (i+j);
    }
}
DefaultTableModel dtm = new DefaultTableModel(data，caption);
Jtable table = new Jtable(dtm);
```

## 5.3.3　任务实施

```
import java.awt. * ;
import java.sql. * ;
import java.awt.event. * ;
import javax.swing. * ;
import java.util. * ;
import javax.swing.table. * ;
class ParameterQuery extends JFrame implements ActionListener{
    private static final long serialVersionUID = 1L;
    JTable table；//定义表格
```

```
DefaultTableModel dtm; //定义数据模型
Vector title=new Vector();
JPanel p1=new JPanel();
JScrollPane p2;
JButton ok=new JButton("查询");
JLabel L1=new JLabel("查询条件:");
JLabel L2=new JLabel("条件输入:");
JComboBox combSex=new JComboBox();
JTextField txtAddr=new JTextField(20);
PreparedStatement pstmt; //定义预处理对象
ResultSet rs;
private static ParameterQuery mainFrame;
public ParameterQuery(){
try{  pstmt.setString(1,"%"); //设置查询条件
 pstmt.setString(2,"%"); //设置查询条件
 rs=pstmt.executeQuery();
 ResultSetMetaData dbmd=rs.getMetaData(); //获得表的元数据
    for(int i=1; i<=dbmd.getColumnCount(); i++)
     title.addElement(dbmd.getColumnName(i)); //将列名填入表头向量
 dtm=new DefaultTableModel(null, title);
 table=new JTable(dtm);
 initTable();
 table.setRowHeight(20);
 p2=new JScrollPane(table);
 combSex.addItem("所有"); combSex.addItem("按学号查找"); combSex.addItem("按姓名查
 找");
 p1.add(L1); p1.add(combSex); p1.add(L2); p1.add(txtAddr); p1.add(ok);
 ok.addActionListener(this);
 this.getContentPane().add(p1,"North");
 this.getContentPane().add(p2,"Center");
}catch(Exception e){e.printStackTrace(); dispose();}
this.addWindowListener(new WindowAdapter(){
  public void windowClosing(WindowEvent e){
  try{
    rs.close();
    pstmt.close();
  }catch(SQLException ee){ee.printStackTrace();}
  }
```

```
        });
        setTitle("按条件查询学生信息");
        setSize(600，400);
        setVisible(true);
          }
void initTable(){
    dtm.setRowCount(0);
    try{
        rs.beforeFirst();
        while(rs.next()){
        Vector v1＝new Vector();
            for(int i＝1；i＜＝title.size()；i＋＋)
                v1.addElement(rs.getString(i));
                    dtm.addRow(v1);
            }
    }catch(SQLException e){e.printStackTrace();}
    dtm.fireTableStructureChanged();
      }
      public void actionPerformed(ActionEvent e){
    if(e.getSource()＝＝ok){
        String sex＝(String)combSex.getSelectedItem();
        String addr＝txtAddr.getText();
        try{
        if(sex.equals("所有")) pstmt.setString(1,"％");
        else pstmt.setString(1，sex);
        if(addr.equals("")) pstmt.setString(2,"％");
        else pstmt.setString(2，addr＋"％");
          }catch(SQLException ee){}
    }
    initTable();
      }
      public static boolean conn(String url，String username，String password){
            try {
                Class.forName("com.microsoft.sqlserver.jdbc.SQLServerDriver");
                } catch (Exception e) {
                e.printStackTrace();
                    return false;
                }
```

```
        try {
            con = DriverManager.getConnection(url, username, password); // 连接数据库
        } catch (SQLException e) {
            e.printStackTrace();
            return false;
        }
        return true; // 成功
    }
    public static void main(String args[]) {
    Font font = new Font("JFrame", Font.PLAIN, 14);
    Enumeration keys = UIManager.getLookAndFeelDefaults().keys();
    while (keys.hasMoreElements()) {
    Object key = keys.nextElement();
    if(UIManager.get(key) instanceof Font)UIManager.put(key, font);
    }
    new ParameterQuery();
    }
}
```

程序运行的结果如图 5 - 12 所示。

## 5.3.4 知识拓展

### 1. 排序和过滤

Java 在 javax. swing. table 包 中 提 供 了 一 个 泛 型 类 TableRowSorter，它使用 TableModel 对数据进行排序和过滤操作。TableRowSorter 类的使用非常简单，通过单击表格列标题，就可以排序数据。

为了使 JTable 可以对数据进行排序，必须将 RowSorter 类和 JTable 进行关联。 RowSorter 是一个抽象类，它负责将 JTable 中的数据映射成可排序的数据。一般在实现时将直接使用 RowSorter 的 子类 TableRowSorter。下 面 的 代 码 显 示 了 如 何 将 TableRowSorter 类和 JTable 相关联。

TableModel model = new DefaultTableModel(rows, columns);

JTable table = new JTable(model);

RowSorter sorter = new TableRowSorter(model);

table. setRowSorter(sorter);

上面代码首先建立一个 TableModel，然后将这个 TableModel 的实例同时传递给

了 JTable 和 RowSorter。

在 JTable 中通过抽象类 RowFilter 类对表格行进行过滤，可以不建立它们的子类，而使用这个抽象类的 6 个静态方法。

andFilter()

dateFilter(RowFilter. ComparisonType type，Date date，int...indices)

notFilter(RowFilter<M，I>filter)

numberFilter(RowFilter. ComparisonType type，Number number，int...indices)

orFilter()

regexFilter(String regex，int...indices)

其中 andFilter()、orFilter()以及 notFilter()方法的功能是将当前的过滤条件和其他的过滤条件进行组合，如在同时比较日期和数值时就需要将日期过滤和数值过滤进行组合。RowFilter 的类型比较允许进行 4 种关系的比较，等于、不等于、大于或小于，实现时可以通过指定某一列进行过滤，也可以对所有的列进行过滤。如果需要更为复杂的过滤条件，可以使用正则表达式过滤（regular expression filter，或简称为 regexfilter）。

**例 5-11** 使用 TableRowSorter 类实现数据排序和过滤

```
import java. awt. BorderLayout;
import java. awt. event. ActionEvent;
import java. awt. event. ActionListener;
import javax. swing. JButton;
import javax. swing. JFrame;
import javax. swing. JLabel;
import javax. swing. JPanel;
import javax. swing. JScrollPane;
import javax. swing. JTable;
import javax. swing. JTextField;
import javax. swing. RowFilter;
import javax. swing. table. DefaultTableModel;
import javax. swing. table. TableModel;
import javax. swing. table. TableRowSorter;
public class RegexTableExample {
  public static void main(String args[]) {
    JFrame frame = new JFrame("排序和过滤示例");
    frame. setDefaultCloseOperation(JFrame. EXIT _ ON _ CLOSE);
    Objectrows[][] = { { "A", "About", 44. 36 }, { "B", "Boy", 44. 84 }, { "C", "Cat", 463. 63 },
```

```
{ "D", "Day", 27.14 }, { "E", "Eat", 44.57 }, { "F", "Fail", 23.15 },
{ "G", "Good", 4.40 }, { "H", "Hot", 24.96 }, { "I", "Ivey", 5.45 },
{ "J", "Jack", 49.54 }, { "K", "Kids", 280.00 } };
    String columns[] = { "序号", "名称", "价格" };
        TableModel model = new DefaultTableModel(rows, columns) {
        public Class getColumnClass(int column) {
            Class returnValue;
            if ((column >= 0) && (column < getColumnCount())) {
                returnValue = getValueAt(0, column).getClass();
            } else {
                returnValue = Object.class;
            }
            return returnValue;
        }
    };
    final JTable table = new JTable(model);
        //创建可排序表对象
    final TableRowSorter<TableModel> sorter = new TableRowSorter<TableModel>(model);
        //将可排序表对象设置到表中
    table.setRowSorter(sorter);
    JScrollPane pane = new JScrollPane(table);
    frame.add(pane, BorderLayout.CENTER);
    JPanel panel = new JPanel(new BorderLayout());
    JLabel label = new JLabel("过滤");
    panel.add(label, BorderLayout.WEST);
    final JTextField filterText = new JTextField("A");
    panel.add(filterText, BorderLayout.CENTER);
    frame.add(panel, BorderLayout.NORTH);
    JButton button = new JButton("过滤");
    button.addActionListener(new ActionListener() {
        public void actionPerformed(ActionEvent e) {
            String text = filterText.getText();
            if (text.length() == 0) {
                sorter.setRowFilter(null);
            } else {
                //调用方法实现过滤内容
                sorter.setRowFilter(RowFilter.regexFilter(text));
            }
```

```
        }
    });
    frame.add(button, BorderLayout.SOUTH);
    frame.setSize(300, 250);
    frame.setVisible(true);
  }
}
```

DefaultTableModel 与 TableRowSorter 一起使用时将导致大量使用转换字符串操作，这对于非 String 型数据开销较大。因此，建议重写 AbstractTableModel 类的 getColumnClass()方法，令其返回合适的数据类型以降低开销。

### 2. 渲染器（Renderer）

渲染器对表格非常重要。渲染器定义了如何从数据请求中读取和显示控件，例如，成绩表中对不及格的分数以红色显示等。通过编写自定义的渲染器而不是修改控件，就可以在保持控件本身不变的情况下，只是通过改变渲染而实现某些数据显示效果，从而简化开发过程。另外，由于渲染器会使用一个相同的控件绘制同类型数据的单元格，例如，某一列的浮点型数据，渲染器会使用一个 JLabel 实例来绘制单元格数据，而不是每一个单元格创建一个 JLabel 实例，这样就可以大幅减少大型数据表的存储空间。

### 3. 编辑器

在默认情况下，JTable 每个单元格都是可以编辑的，编辑单元格数据需要编辑器的支持。Javax.swing 包中提供了 CellEditor 接口，该接口定义了一个通用编辑器需要实现的方法。Javax.swing.table 包中，又定义了 CellEditor 的子接口 TableCellEditor。对于 CellEditor，javax.swing 包中提供了一个实现该接口的抽象类 AbstractCellEditor。对于 TableCellEditor，则在 Javax.swing 包中提供了一个实现该接口的 DefaultCellEditor 类，该类同时也是 AbstractCellEditor 类的子类。因此，DefaultCellEditor 是一个编辑器通用实现类。

## 任务 5.4　系统管理界面模块的设计

## 5.4.1　任务分析

系统主控界面是将所有功能模块继承到一起，实现了各个子功能模块的调度任务。系统主控界面的运行效果如图 5-15 所示。

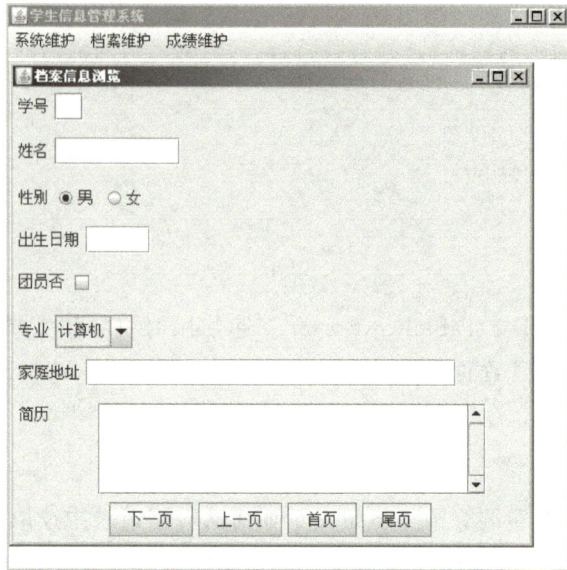

图 5 - 15　学生信息管理系统演示界面

## 5.4.2　知识储备

### 1. 工具栏 JToolBar

ToolBar 的功能是用来放置各种常用的功能或控制组件，这个功能在各类软件中很常见。

常用方法有：

JToolBar(String name) //构造方法

getComponentIndex(Component c) //返回一个组件的序号

getComponentAtIndex(int i) //得到一个指定序号的组件

### 2. 桌面面板和内部框架

JDesktopPane 是用于创建多文档(MDI)界面的容器，也就是说可以在其内部包含多个子窗口。JDesktopPane 只有一个默认的构造方法 JDesktopPane ( )。对于子窗口，JDesktopPane 提供了 setDragMode(int dragMode)方法设置拖动样式。DragMode 可以是：

JdesktopPane. LIVE _ DRAG _ MODE(拖动子窗口时显示其内容)

JdesktopPane. OUTLINE _ DRAG _ MODE(拖动子窗口时不显示其内容)

首先创建 JDesktopPane 对象：

JdesktopPane desktop ＝ new JdesktopPane();

然后向其加入内部子窗口 JInternalFrame，JInternalFrame 构造方法如表 5 - 5 所示。

表 5 - 5　JInternalFrame 常用构造方法

| 方法名 | 方法说明 |
|---|---|
| JInternalFrame() | 默认构造方法。子窗口不可调整大小、不可关闭、不可最大化、没有图标和标题 |
| JInternalFrame(String title) | 创建子窗口。title 表示窗口标题 |
| JInternalFrame(String title，boolean resizable) | 创建子窗口。resizable 表示是否可以调整窗口大小 |
| JInternalFrame（String title，boolean resizable，boolean closeable) | 创建子窗口。closeable 表示窗口是否可以关闭 |
| JInternalFrame（String title，boolean resizable，boolean closeable，boolean maximizable) | 创建子窗口。maximizable 表示窗口是否可最大化 |
| JInternalFrame（String title，boolean resizable，boolean closeable，boolean maximizable，boolean iconifiable) | 创建子窗口。iconifiable 表示窗口是否可图表化 |

### 3. 菜单控件

#### 1）窗口菜单

Swing 也提供了与菜单有关的控件 JMenuBar、JMenu 和 JMenuItem。与生成 AWT 菜单的过程类似，Swing 菜单是由 JMenuBar、JMenu 和 JMenuItem（或者 JCheckBoxMenuItem、JRadioButtonMenuItem）3 类对象集成而成的。JMenuBar 形成窗口中的菜单栏，JMenu 形成菜单栏中的菜单，JMenuItem 对象则形成菜单中的具体菜单项，3 者间存在的是一种依存关系。窗口菜单的效果如图 5 - 16 所示。

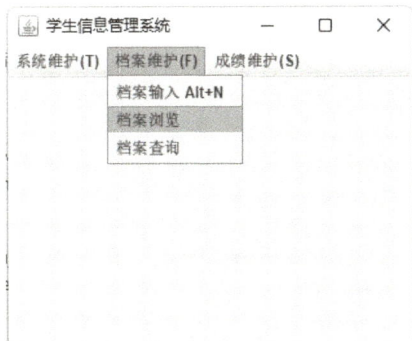

图 5 - 16　窗口菜单

由此可知，只要将菜单项目加入到菜单，再将菜单加入到菜单栏，最后再将菜单栏加入到窗口，创建菜单的工作就完成了。

```
JMenuBar menuBar = new JMenuBar();
menu1 = new JMenu("系统维护"); // 创建一个菜单
menuBar.add(menu1); //菜单栏加入窗口
menuItem11 = new JMenuItem("设置密码"); // 创建一个菜单项
menu1.add(menuItem11); //菜单项加入菜单
```

### 2）弹出式菜单

鼠标右键的弹出式菜单可以实现快捷操作，Java 提供了 JPopupMenu 类来实现弹出式菜单。

图 5-17 显示了一个弹出式菜单。创建弹出式菜单与创建普通的窗口式菜单类似，例如：

```
jpm = new JPopupMenu();
copy = new JMenuItem("copy");
paste = new JMenuItem("paste");
cut = new JMenuItem("cut");
delete=new JMenuItem("delete");
select=new JMenuItem("select");
```

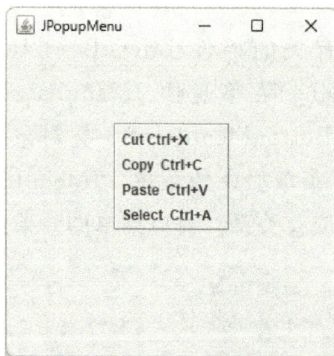

图 5-17 弹出式菜单

## 5.4.3 任务实施

```
package sxpi.book.ch05;
import java.awt. * ;
import java.awt.event. * ;
import javax.swing. * ;
import java.util. * ;
class ToolbarDemo extends JFrame implements ActionListener{
```

```java
private static final long serialVersionUID = 1L;
JMenuBar menuBar＝new JMenuBar();
JMenu menu1，menu2，menu3，menu4，menu5;
JMenuItem menuItem11，menuItem12，menuItem13，menuItem14;
JCheckBoxMenuItem menuItem21，menuItem22;
JToolBar tb＝new JToolBar(); //工具栏
JButton b1，b2，b3;
ToolbarDemo()
{getContentPane().setLayout(new BorderLayout());　//设置边界布局
createMenu(); //创建菜单
createToolbar(); //创建工具栏
setTitle("学生信息管理系统");
setSize(600，500);
setVisible(true);
}
void createToolbar(){
b1＝new JButton("用户管理"，new ImageIcon("src/img/1.png")); //建图标按钮
b1.setHorizontalTextPosition(AbstractButton.CENTER); //设置文字的横向位置
b1.setVerticalTextPosition(AbstractButton.BOTTOM); //设置文字的纵向位置
b1.setToolTipText("用户管理"); //设置提示文字
b1.setFocusPainted(false); //设置不画焦点
b1.setRequestFocusEnabled(false); //设置不能获得焦点，使焦点不停留
b2＝new JButton("信息录入"，new ImageIcon("src/img/2.png"));
b2.setHorizontalTextPosition(AbstractButton.CENTER);
b2.setVerticalTextPosition(AbstractButton.BOTTOM);
b2.setToolTipText("密码设置");
b2.setRequestFocusEnabled(false);
b3＝new JButton("数据维护"，new ImageIcon("src/img/3.png"));
b3.setHorizontalTextPosition(AbstractButton.CENTER);
b3.setVerticalTextPosition(AbstractButton.BOTTOM);
b3.setToolTipText("数据维护");
b3.setRequestFocusEnabled(false);
tb.add(b1); tb.add(b2);
tb.addSeparator(); //添加分隔线
tb.add(b3);
tb.setRollover(true); //设置转滚效果，鼠标移上时出现边框
getContentPane().add(tb,"North"); //将工具栏添加到内容面板
tb.setFloatable(true);
```

```
        }
        void createMenu(){
        menu1＝new JMenu("系统管理(S)");
        menu1.setMnemonic('S'); //设置热键
        menu2＝new JMenu("视图(V)");
        menu2.setMnemonic('V'); //设置热键
        menuItem11＝new JMenuItem("用户管理(U)", new ImageIcon("m11.gif"));
        menuItem11.setMnemonic('U'); //设置热键
        menuItem11.setAccelerator(KeyStroke.getKeyStroke(KeyEvent.VK＿U,
java.awt.event.InputEvent.CTRL＿MASK)); //设置快捷键
        menuItem12＝new JMenuItem("密码设置(P)");
        menuItem12.setIcon(new ImageIcon("m11.gif")); //建立完菜单项后设置图标
        menuItem12.setMnemonic('P'); //设置热键
        menuItem12.setAccelerator(KeyStroke.getKeyStroke(KeyEvent.VK＿P,
java.awt.event.InputEvent.CTRL＿MASK)); //设置快捷键
        menuItem13＝new JMenuItem("退出");
        menu1.add(menuItem11);
        menu1.add(menuItem12);
        menu1.addSeparator(); //添加分隔条
        menu1.add(menuItem13);
        menuItem21＝new JCheckBoxMenuItem("显示工具栏", true); //复选钮菜单项
        menuItem22＝new JCheckBoxMenuItem("显示提示文字", true);
        menu2.add(menuItem21);
        menu2.add(menuItem22);
        menuBar.add(menu1);
        menuBar.add(menu2);
        setJMenuBar(menuBar); //将菜单添加到窗体
        setIconImage(new ImageIcon("m11.gif").getImage()); //设置窗口图标
        menuItem11.addActionListener(this);
        menuItem12.addActionListener(this);
        menuItem13.addActionListener(this);
        menuItem21.addActionListener(this);
        menuItem22.addActionListener(this);
        }
        public void actionPerformed(ActionEvent e){
        if(e.getSource()＝＝menuItem11)
        //此处调用用户管理程序
        else if(e.getSource()＝＝menuItem12)
```

```
//此处调用密码设置程序
else if(e.getSource()==menuItem13){
    dispose();
System.exit(0);
}
else if(e.getSource()==menuItem21){
if(menuItem21.getState())
    b.setVisible(true);
else
    tb.setVisible(false);
this.invalidate();
}
}
public static void main(String args[]){
Font font=new Font("JFrame",Font.PLAIN,14);
umeration  keys=UIManager.getLookAndFeelDefaults().keys();
while(keys.hasMoreElements()){
    Object key=keys.nextElement();
    if(UIManager.get(key) instanceof Font)
        UIManager.put(key,font);
}
new ToolbarDemo();
}
}
```

# 5.4.4　知识拓展

### 1. 树 JTree

树是一种现代流行的信息显示方式，Swing 包提供了 JTree 类用以实现树状结构。在 Java 程序开发中，既可以使用指定的表格模型 TreeModel 创建树，也可以通过循环构建树节点 TreeNode 来构建树形结构。表 5-6 列出了 JTree 常用的构造方法。

表 5-6　JTree 常用的构造方法

| 构造方法 | 方法说明 |
| --- | --- |
| JTree() | 默认构造方法 |
| JTree(Object[] value) | 构造 JTree。指定数组 value 的每个元素作为子节点 |
| JTree(TreeModel newModel) | 使用指定的表格模型创建树 |

| 构造方法 | 方法说明 |
|---|---|
| JTree(TreeNode root) | 构造 JTree。root 作为根节点 |
| JTree（TreeNode root, boolean asksAllowsChildren) | 构造 JTree。root 作为根节点，asksAllowsChildren 表示叶节点是否允许有子节点 |
| JTree(Vector$<?>$ value) | 构造 JTree。指定 Vector 的每个元素作为子节点 |

**例 5 - 12** 使用 JTree 组件实现树形结构

```
import javax. swing. * ;
import javax. swing. tree. DefaultMutableTreeNode;
public class tree {
JFrame jFrame＝new JFrame();
DefaultMutableTreeNode root＝new DefaultMutableTreeNode("中国");
DefaultMutableTreeNode r1＝new DefaultMutableTreeNode("安徽");
DefaultMutableTreeNode r2＝new DefaultMutableTreeNode("江苏");
DefaultMutableTreeNode o1＝new DefaultMutableTreeNode("合肥");
DefaultMutableTreeNode o2＝new DefaultMutableTreeNode("芜湖");
DefaultMutableTreeNode o4＝new DefaultMutableTreeNode("南京");
DefaultMutableTreeNode o5＝new DefaultMutableTreeNode("苏州");
JTree jTree＝new JTree(root);
private  void init(){
        root. add(r1);
        root. add(r2);
        r1. add(o1);
        r1. add(o2);
        r2. add(o4);
        r2. add(o5);
        jFrame. add(jTree);
        jFrame. pack();
        jFrame. setDefaultCloseOperation(JFrame. EXIT _ ON _ CLOSE);
        jFrame. setVisible(true);
    }
    public static void main(String[] args) {
        new tree(). init();
    }
}
```

运行结果如图 5-18 所示。

图 5-18　JTree 组件示例

## 2. 进度条

JProgressBar 就是一个以可视化形式显示任务进度的控件。进度条通常是一个矩形区域，随着任务完成进度的推进，矩形区域逐渐被填充，直到任务完成。下面用 4 种方法创建进度条：

//不带进度字符串的水平进度条

JProgressBar progress1 = new JProgressBar();

//垂直方向进度条

JProgressBar progress2 = new JProgressBar(SwingConstants. VERTICAL)；

//最小值 0、最大值 100 的水平进度条

JProgressBar progress3 = new JProgressBar(0，100)；

//最小值 0、最大值 100 的水平进度条

JProgressBar progress4 = new JProgressBar(SwingConstants. HORIZONTAL，0，100)；

JProgressBar 提供了一些方法来设置进度条，有几个方法我们必须掌握，如表5-7所示。

表 5-7　JProgressBar 常用方法

| 方法名 | 方法说明 |
| --- | --- |
| void setIndeterminate(boolean newValue) | 设置进度条是处于确定模式中还是处于不确定模式，true 表示不确定状态，false 表示确定状态，默认为确定状态 |
| void setString(String s) | 设置进度条上面显示的文字信息 |
| void setStringPainted(boolean b) | 进度条是否允许出现文字信息 |
| void setValue(int n) | 将进度条的当前值设置为 n |

所谓的确定模式是指我们事先可以精确估计完成任务的进度，例如，计算 100 的阶乘，循环次数非常确定。但是，如果从网上下载一部电影，由于网络状况的原因，

我们并不能确定下载时间，这就是不确定状态。对于不确定状态的进度条，需要告知任务完成并设置成默认状态。

# 习　题

## 一、填空题

1. Java 中关于 GUI 的类库包有_____和 swing。

2. GUI 中容器包括 frame、Dialog、Panel 和_____。

3. BorderLayout 布局共 5 个方位，分别为 BorderLayout. North、BorderLayout. South、BorderLayout. East、_____和 BorderLayout. Center。

4. GUI 窗口默认是不可见的，需要调用_____方法，才能显示。

5. GUI 中图像类为 Graphics，绘图控件类为_____。

## 二、选择题

1. 在 JScrollPane 的构造方法中，用于创建一个显示指定组件的 JScrollPane 面板，只要组件的内容超过视图大小就会显示水平和垂直滚动条的方法是（　　）。

A. JScrollPane()

B. JScrollPane(Component view)

C. JScrollPane(int vsbPolicy)

D. JScrollPane(int hsbPolicy)

2. 在 GUI 中用于表示这些窗体事件的类是（　　）。

A. WindowEvent

B. WindowListener

C. ActionEvent

D. MouseAdapter

3. 若想实现 JRadioButton 按钮之间的互斥，需要使用（　　）类。

A. ButtonGroup

B. JComboBox

C. AbstractButton

D. 以上都不行

4. JMenu 中用于返回指定索引处的菜单项，第一个菜单项的索引为 0 的方法是（　　）。

A. int getItemCount()

B. void JMenuItem insert(JMenuItem menuItem，int pos)

C. void addSeparator()

D. JMenuItem getItem(int pos)

5. 处理鼠标事件时，通过（　　）方法将监听器绑定到事件源对象。

A. mousePressed()

B. addMouseListener()

C. mouseEntered()

D. mouseClicked()

6. JComboBox 中的 Object getSelectedItem()方法可以用于（　　）。

A. 删除组合框中所有的选项

B. 返回组合框中选项的数目

C. 返回当前所选项

D. 返回指定索引处选项，第一个选项的索引为 0

7. JScrollPane 提供的方法中，用于指定水平滚动条策略，即水平滚动条何时显示在滚动面板上的方法是（　　　）。

A. void setHorizontalBarPolicy(intpolicy)

B. void setVerticalBarPolicy(intpolicy)

C. void setViewportView(Componentview)

D. 以上都错误

8. KeyEvent 类位于下列哪个包中（　　　）。

A. java. awt                         B. java. awt. event

C. java. awt. dnd                    D. java. awt. im

9. 下列选项中，用于表示动作事件的类是（　　　）。

A. KeyListener                       B. KeyEvent

C. ActionEvent                       D. MenuKeyEvent

10. ActionEvent 的对象会被传递给以下（　　　）事件处理器方法。

A. addChangeListener( )              B. addActionListener( )

C. stateChanged( )                   D. actionPerformed( )

## 三、简答题

1. BorderLayout 边界布局管理器可以将容器划分为哪些区域？

2. 简述 swing 组件的特点。

3. 简述开发 GUI 程序的步骤。

4. 简述布局管理器的概念。

5. 简述 Java 事件处理的三个因素。

## 四、编程题

1. 编写一个带有图形化界面的计算器程序，能实现两数加、减、乘、除，有运算、清除、退出功能。

2. 编写带有图形化界面的猜数字游戏，数字为 100 以内整数。用户输入猜测值，如果正确，弹出"您猜对了！"消息框，否则提示"猜小了"或者"猜大了"消息框。

3. 利用 Java 的 GUI 编程，编写一个窗体，包含两个文本框和一个命令按钮。其中一个文本框接受用户输入的一行字符串，回车后在另一个文本框中重复输入三行，单击命令按钮可清空两个文本框的所有内容。

# 项目六

## 通信系统的实现

网络编程是指通过计算机网络进行数据传输和通信的编程技术。在网络编程中，可以实现不同计算机之间的数据交互和通信，从而实现分布式系统、客户端-服务器应用等。Java 是一门广泛应用于网络编程的语言，提供了丰富的网络编程功能和 API。Java 网络编程基于 TCP/IP 协议栈进行通信，使用 Socket 和 ServerSocket 类来实现网络连接和数据传输，使得开发人员可以方便地构建各种网络应用。

### 知识目标

了解网络编程的基本概念。

熟练掌握基于 TCP 协议、UDP 协议的 Socket 通信。

熟悉多客户连接情况下的 Socket 通信。

掌握 HttpServer 类的应用。

掌握线程的基本概念，能够使用 Thread 类建立多线程方法。

### 能力目标

激发学生的爱国热情，学以致用，提升专业学习的自主性。

培养学生独立完成、举一反三的职业素养和精益求精的质量意识。

培养学生自主探索、理论联系实际的职业精神，增进社会责任感。

培养学生严谨的编程习惯、团队协作的能力和工匠精神。

### 情境描述

网络通信系统是网路普遍的通信软件，它的程序由服务器端和客户端组成。通信系统根据通信实现方式的不同分为点对点通信和多线程多任务通信。本项目将采用Java技术，分别实现点对点通信和多线程多任务通信系统，实现该项目包含3个任务。任务分解如表6-1所示。

表6-1　项目任务分解

| 编号 | 任务名称 | 任务内容 |
| --- | --- | --- |
| 1 | 建立网络连接 | 采用Socket实现简单的网络连接 |
| 2 | 点对点通信的实现 | 实现可视化的点对点通信模块 |
| 3 | 多线程多任务通信的实现 | 完成较为完善的多线程多任务的通信系统 |

# 任务6.1　建立网络连接

## 6.1.1　任务分析

实现基于网络的通信程序先必须建立网络连接，这种连接包括硬件和软件的连接。由于互联网的普及应用，计算机通过局域网或拨号上网可以很容易实现硬件的连接。软件连接是通过调用类库提供的网络接口在客户端程序和服务器程序之间建立通信的链路。程序运行结果如图6-1、图6-2所示。

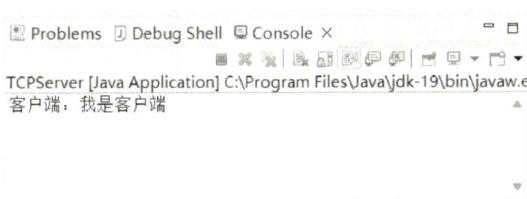

图6-1　运行后的服务器程序

图6-2　运行后的客户端程序

Java 的 java.net 包提供了程序之间建立连接和实现通信的类。本任务将使用 ServerSocket 类编写服务器程序，使用 Socket 类编写客户端程序。通过在两者之间发送和接收信息，掌握实现在客户端和服务器端之间建立网络连接。

## 6.1.2　知识储备

### 1. Socket 的概念

Socket 也叫套接字，是用来建立网络连接的一种通信方式。在 Socket 机制下要求连接双方都拥有一个 Socket。

当进程通过网络进行通信时，Java 使用输入输出流实现发送和接收消息。一个套接字包括两个流：一个输入流和一个输出流。如果一个进程要通过网络向另一个进程发送数据。只需简单地写入与套接字相关联的输出流。一个进程通过从与套接字相关联的输入流来读取另一个进程所写的数据。

Java 提供的 ServerSocket 类、Socket 类和 DatagramSocket 类是实现 Socket 编程的重要类，它们合作可以实现 TCP 协议和 UDP 协议下的网络通信。

面向连接的操作使用 TCP 协议。在此模式下的套接字必须在发送数据之前与目的套接字建立一个连接。如果连接建立了，套接字就可以使用一个流接口：打开→读→写→关闭。所有的发送信息都会在另一端以同样的顺序被接收。面向连接的操作比无连接的操作效率低，但是数据的安全性更高。

面向无连接的操作使用 UDP 协议。一个数据报是一个独立的单元，它包含了所有本次传递的信息。它有目的地址和要发送的内容，这个模式下的套接字不需要连接一个目的套接字，它只是简单地发送数据报。无连接的操作是快速的和高效的，但是数据安全性不佳。

### 2. ServerSocket 类和 Socket 类

如果要建立连接，一台机器必须运行一个进程来等待连接，由另一台机器试图到达第一台机器。这和电话系统类似，一方必须发起呼叫，而另一方在此时必须等待电话呼叫，发起呼叫的机器端称为客户端，而等待连接的机器端叫服务器。

ServerSocket 类描述网络服务器。ServerSocket 对象创建一个网络服务器等待接收由客户端传来的请求。当客户端发来请求后，ServerSocket 对象会与本地创建的 Socket 对象连接，当信息通道形成后接收请求。Java 提供的 ServerSocket 类表示服务器套接字，这个类有下列常用的构造方法和成员方法，如表 6-2 所示。

表 6-2　ServerSocket 类的主要方法

| 方法名 | 方法说明 |
| --- | --- |
| public ServerSocker() | 建立没有指定端口的 ServerSocker 类对象 |
| public ServerSocket(int port) | 建立指定端口的 ServerSocker 类对象 |
| public ServerSocket(int port，int long) | 建立指定端口且指定接收队列最大长度的 ServerSocker 类对象 |
| public Server accept() | 监听客户端发送的请求 |
| public void bind(SocketAddress end) | 绑定指定的 IP 地址 |
| public void close() | 消除 ServerSocker 类对象 |

　　使用 ServerSocket(int port)可以创建一个 ServerSocket 对象，port 是参数传递端口号，这个端口就是服务器监听连接请求的端口。端口号的范围是 0～65536，但是 0～1024 是为特权服务保留的端口。例如，电子邮件服务器在端口 25 上运行，Web 服务器在端口 80 上运行。如果试图在已使用的端口上创建服务器套接字将抛出 IOExceplion 异常，否则将创建 ServerSocket 对象并开始准备接收连接请求。接下来服务程序调用 ServerSocket 的 accept()方法进入无限循环之中，调用该方法后将导致调用线程阻塞直到连接建立。在建立连接后 accept()返回一个 Socket 对象，该 Socket 对象绑定了客户程序的 IP 地址和端口号。客户端通过创建 Socket 类的对象发起连接请求。Socket 类常用的构造方法和成员方法如表 6-3 所示。

表 6-3　Socket 类的主要方法

| 方法名 | 方法说明 |
| --- | --- |
| public Socket() | 建立不带连接的 Socket 类对象 |
| public Socket(String host，int port) | 建立指定主机名和端口的 Socket 类对象 |
| public Socket(InetAddress address，int port) | 建立指定 IP 地址和端口的 Socket 类对象 |
| public OutputStream getOutputStream() | 返回此套接字的输出流 |
| public InputStream getInputStream() | 返回此套接字的输入流 |
| public void close() | 关闭 Socket |

### 3. TCP 协议下的 Socket 网络通信过程

　　TCP 协议下的 Socket 通信首先从服务器端创建一个指定端口号的 ServerSocket 对象开始，接着运行 ServerSocket 对象的 accept()方法等待客户端的请求，以便建立连接。在 ServerSocket 对象等待的过程中，如果客户端创建了一个指向服务器端计算机和服务器端指定端口的 Socket 对象，且这个 Socket 对象向服务器端发出连接请求，那么 ServerSocket 对象就会接收到请求信息。当 ServerSocket 对象收到请求信息后紧接着会在本地创建一个 Socket 对象与客户端的 Socket 对象进行连接，从而形成通道。这个过程如图 6-3 所示。

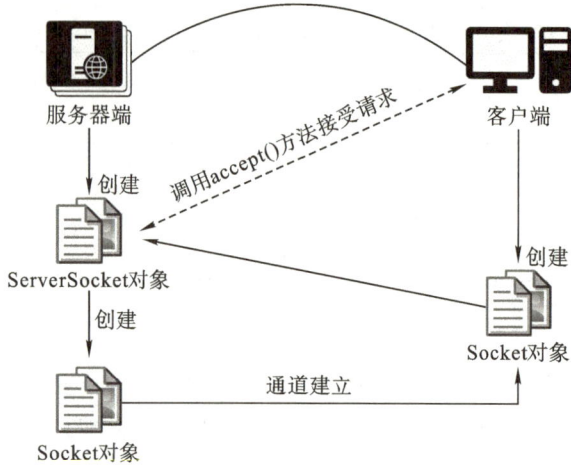

图 6-3　Socket 通道连接过程

连接建立后，服务器端和客户端可分别建立输入/输出数据流进行数据传输。当通信结束后，需要关闭两端的 Socket 连接。最后，ServerSocket 对象调用 close() 方法停止等待客户端请求。

## 6.1.3　任务实施

### 1. 编写服务器程序

服务器并不是主动地建立连接，相反的，它是被动地监听客户端的连接请求，然后给它们提供服务。编写服务器程序有以下基本步骤：

①建立一个服务器套接字并开始监听。

②使用 accept() 方法取得新的连接。

③建立输入和输出流。

④在已有的协议上产生会话。

⑤关闭客户端流和 Socket。

⑥关闭服务器 Socket。

这样，我们可以编写服务器程序如下：

运行上述程序时要注意先运行服务器程序，等服务器开始监听后才运行客户端程序。客户端运行后在客户端输入待发送的消息后按回车键，出现如图 6-1 所示的运行结果。

```
import java.io. * ;
import java.net. * ;
public class TCPServer
{
public static void main(String args[])
{
try
{
//创建一个 ServerSocket 对象
ServerSocket server=new ServerSocket(8600);
Socket socket=server.accept(); //等待客户请求
//由 Socket 对象得到输入流，并构造 BufferedReader 对象
BufferedReader sin=new BufferedReader(
new InputStreamReader(socket.getInputStream()));
//由 Socket 对象得到输出流，并构造 PrintWriter 对象
PrintWriter sout=new PrintWriter(
socket.getOutputStream());
//由系统标准输入设备构造 BufferedReader 对象
BufferedReader kin=new BufferedReader(
new InputStreamReader(System.in));
//打印从客户端读入的字符串
System.out.println("客户端:"+sin.readLine());
String line=kin.readLine(); //从键盘输入一字符串
while(! line.equals("byebye")) //输入"byebye"时停止循环
{
sout.println(line); //向客户端输出该字符串
sout.flush(); //刷新输出流，使 Client 马上收到该字符串
System.out.println("服务器:"+line); //打印输入的字符串
//从 Client 输入一字符串，并打印
System.out.println("客户端:"+sin.readLine());
line=kin.readLine(); .//从键盘输入一字符串
}
sout.close(); //关闭 Socket 输出流
sin.close(); //关闭 Socket 输入流
socket.close(); //关闭 Socket
server.close(); //关闭 ServerSocket
}
catch(Exception e)
```

```
    {
        System. err. println(e) ;
    }
    }
}
```

### 2. 编写客户端程序

程序运行结果如图 6 - 2 所示。

```
import java. io. * ;
import java. net. * ;
public class TCPClient {
    public static void main(String[] args) {
        try {
            BufferedReader cin, kin;
            PrintWriter cout;
            Socket clientSocket;
            String readline; //向本机的 8600 端口发送连接请求
            clientSocket = new Socket("127.0.0.1", 8600);
            // 由系统标准输入设备构造 BuffcredReader 对象
            kin = new BufferedReader(new InputStreamReader(System. in));
            //由 Socket 对象得到输出流, 并构造 PrintWriter 对象
            cout = new PrintWriter(clientSocket. getOutputStream());
            //由 Socket 对象得到输入流, 并构造相应的 BufferedReader 对象
            cin = new BufferedReader(new InputStreamReader(clientSocket
                    . getInputStream()));
            readline = kin. readLine(); //从键盘输入一字符串
            while (! readline. equals("byebye"))//若输入"byebye"停止循环
            {
                cout. println(readline); //将键盘输入的字符串输出到 Server
                cout. flush(); // 刷新输出流, 使 Server 马上收到该字符串
                // 打印输入的字符串
                System. out. println("客户端:" + readline);
                // 从 Server 输入一字符串, 并打印到标准输出上
                System. out. println("服务器:" + cin. readLine());
                readline = kin. readLine(); //从系统标准输入一字符串

            }
```

```
            cout.close(); //关闭 Socket 输出流
            cin.close(); //关闭 Socket 输入流
            clientSocket.close(); //关闭 Socket
        } catch (Exception e) {
            System.out.println("错误" + e);
        }
    }
}
```

## 6.1.4　知识拓展

协议，通俗地讲，就是不同对象之间沟通时共同遵循的原则或规则。在网络环境中，协议是实现信息通信的重要手段。最为常见的协议包括：TCP/IP 协议和 UDP协议。

TCP/IP 是面向连接的协议，而用户数据报协议(UDP)是一种无连接的协议。要区分这两种协议，一种很简单而又很贴切的方法是把它们比作电话呼叫和邮递信件。电话呼叫保证有一个同步通信，消息按给定次序发送和接收。而对于邮递信件，即使能收到所有的消息，它们的顺序也可能不同。

在 Java 中，UDP 由 DatagramSocket 和 DatagramPacket 类支持，包括有关发送方、消息长度和消息自身。

利用 TCP 协议通信首先必须使客户和服务器之间建立一个专门的点对点的通道，通过建立的连接通道交换数据，然后关闭连接。在频繁的网络进程通信的情况下，这种协议通信的效率不高。

UDP 协议把要发送的数据及对方的 IP 地址、对方端口号构成报文，不与对方连接就把报文一个个独立地发送出去。UDP 协议本身不能保证数据报一定到达目的地，也不能保证数据报到达目的地的顺序。但是，这种服务的可靠性可以由应用层来实现。

# 任务 6.2　点对点通信的实现

## 6.2.1　任务分析

本项目采用 C/S 结构实现一个简单的通信系统，实现了客户端与服务器端之间通过 Socket 传送消息。服务器启动后单击【准备连接】按钮，就可以监听给定端口，等待客户端的连接，当有客户端连接上来时，在文本域中显示连接信息，服务器端如图 6 - 4(a)所示。

客户端启动后，显示图 6 - 4(b)所示界面。在服务器端 IP 地址栏和服务器端口号

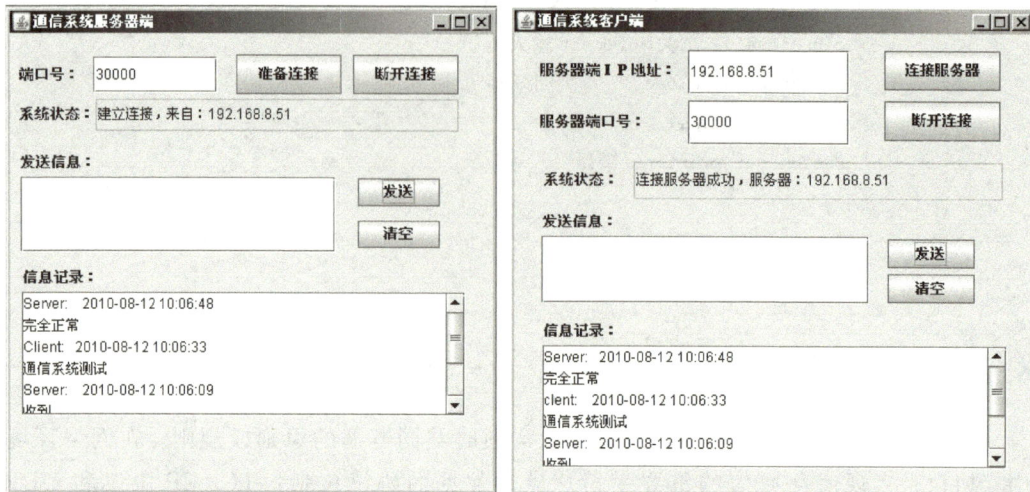

(a) 通信系统服务器端　　　　　　　　　(b) 通信系统客户端

图 6-4　通信系统

分别输入服务器端 IP 地址和通信端口号，再单击【连接服务器】按钮后可以连接指定的服务器。如果连接成功将在信息记录文本框中显示连接成功信息，否则将显示连接失败信息。

服务器端和客户端连接成功后，双方可以在发送信息的文本框中输入要发送的消息，然后单击文本框右边【发送】按钮。消息发送成功时，会将发送和收到的信息自动添加到信息记录文本框中。

## 6.2.2　知识储备

我们使用 Swing 组件编写本项目的图形界面。设计图形界面程序既要合理地选用组件，也要正确地实现事件响应。在项目五中，已经学习了常用组件的用法和编写事件响应程序的方法，本任务通过实现客户端和服务器图形界面，进一步掌握如何根据项目的实际需要正确设计图形界面程序。

## 6.2.3　任务实施

### 1. 客户端的实现

从图 6-4(b)中可以看出，客户端图形界面中有众多的组件，需要对这些组件进行合理的布局。为此在程序中定义了两个 JPand，一个放置顶部的组件，另一个放置底部的组件。

客户端图形界面程序的事件响应包括：

①单击顶部的【连接服务器】按钮，实现客户端与服务器的网络连接。

②单击底部的【发送】按钮，通过服务器把消息内容发送给所有客户。

③单击窗口右上角的关闭窗口按钮，关闭窗口前执行系统连接关闭操作。

我们把单击按钮事件响应由 Client.java 自己实现，关闭窗口事件响应，编写程序如下：

连接服务器通过方法 getJConnectButton()实现：

```java
private JButton getJConnectButton() {
    if (jConnectButton == null) {
        jConnectButton = new JButton();
        jConnectButton.setBounds(new Rectangle(315, 14, 100, 33));
        jConnectButton.setText("连接服务器");
        jConnectButton.addActionListener(new java.awt.event.ActionListener() {
            public void actionPerformed(java.awt.event.ActionEvent e) {
                if (conState == true) {
                    JOptionPane.showMessageDialog(jPanel,"请先断开连接","请先断开连接", JOptionPane.ERROR_MESSAGE);
                } else {
                    startConnect();
                }
            }
        });
    }
    return jConnectButton;
}
```

发送按钮由 getJSendButton()方法实现：

```java
private JButton getJSendButton() {
    if (jSendButton == null) {
        jSendButton = new JButton();
        jSendButton.setBounds(new Rectangle(318, 171, 75, 24));
        jSendButton.setText("发送");
        jSendButton.addActionListener(new java.awt.event.ActionListener() {
            public void actionPerformed(java.awt.event.ActionEvent e) {
        if (jSendTextArea.getText().equals("")) {
            JOptionPane.showMessageDialog(jPanel, "输入内容为空","输入内容为空", JOptionPane.ERROR_MESSAGE);
        } else if (conState == true) {
```

```
            sendInformation();

            jSendTextArea.setText("");

        } else {

            JOptionPane.showMessageDialog(jPanel,"还没有连接服务器端","还没有连接服务器
端",JOptionPane.ERROR _ MESSAGE);

        }

    }

});

}

    return jSendButton；

}
```

### 2. 服务器端的实现

服务器的图形界面相对比较简单，程序中定义了一个 JPanel 放置顶部组件，窗口中部和底部均只有一个组件。

服务器程序的事件响应包括：

①单击"准备连接"按钮，创建 serverSocket 对象并监听、接受客户端连接请求。

②单击"断开连接"按钮，执行断开连接操作后退出。

③单击窗口右上角的关闭窗按钮，关闭窗口前执行断开连接操作。

```
import javax.swing.JFrame；

import java.awt.Dimension；

import javax.swing.JPanel；

import javax.swing.JLabel；

import java.awt.Rectangle；

import java.io.BufferedReader；

import java.io.IOException；

import java.io.InputStreamReader；

import java.io.PrintWriter；

import java.net.ServerSocket；

import java.net.Socket；

import java.text.DateFormat；

import java.text.SimpleDateFormat；

import java.util.Date；//import java.net.ServerSocket；

import java.util.Iterator；

import java.util.List；

//import java.net.Socket；
```

```
import javax.swing.JOptionPane;
import javax.swing.JTextField;
import javax.swing.JButton;
import javax.swing.JScrollPane;
import javax.swing.JTextArea;
public class Server extends JFrame implements Runnable {
        private static final long serialVersionUID = 1L;
        private JPanel jServerPanel = null;
        private JLabel jPortLabel = null;
        private JTextField jPortTextField = null;
        private JButton jConnButton = null;
        private JButton jDisConnButton = null;
        private JLabel jSendLabel = null;
        private JScrollPane jSendScrollPane = null;
        private JLabel jReceivedLabel = null;
        private JScrollPane jReceivedScrollPane = null;
        private JTextArea jSendTextArea = null;
        private JTextArea jReceivedTextArea = null;
        private JButton jSendButton = null;
        private JButton jClearButton = null;
        private JLabel jStateLabel = null;
        private JTextField jStateTextField = null;
        private ServerSocket server;
        private Socket socket = null;
        private boolean conState = false;
        private Thread chatThread;
        private PrintWriter out;
        private BufferedReader in = null;
        private boolean runState;
        public Server() {
            super();
            initialize();
            this.setLocation(200, 100);
            this.setVisible(true);
        }
        private void initialize() {
            this.setSize(new Dimension(417, 375));
            this.setContentPane(getJServerPanel());
```

```
        this.setTitle("通信系统服务器端");
    }
    private JPanel getJServerPanel() {
        if (jServerPanel == null) {
            jStateLabel = new JLabel();
            jStateLabel.setBounds(new Rectangle(8, 54, 65, 27));
            jStateLabel.setText("系统状态:");
            jReceivedLabel = new JLabel();
            jReceivedLabel.setBounds(new Rectangle(11, 191, 83, 25));
            jReceivedLabel.setText("信息记录:");
            jSendLabel = new JLabel();
            jSendLabel.setBounds(new Rectangle(9, 95, 78, 24));
            jSendLabel.setText("发送信息:");
            jPortLabel = new JLabel();
            jPortLabel.setBounds(new Rectangle(8, 21, 64, 27));
            jPortLabel.setText("端口号:");
            jServerPanel = new JPanel();
            jServerPanel.setLayout(null);
            jServerPanel.add(jPortLabel, null);
            jServerPanel.add(getJPortTextField(), null);
            jServerPanel.add(getJConnButton(), null);
            jServerPanel.add(getJDisConnButton(), null);
            jServerPanel.add(jSendLabel, null);
            jServerPanel.add(getJSendScrollPane(), null);
            jServerPanel.add(jReceivedLabel, null);
            jServerPanel.add(getJReceivedScrollPane(), null);
            jServerPanel.add(getJSendButton(), null);
            jServerPanel.add(getJClearButton(), null);
            jServerPanel.add(jStateLabel, null);
            jServerPanel.add(getJStateTextField(), null);
        }
        return jServerPanel;
    }
    private JTextField getJPortTextField() {
        if (jPortTextField == null) {
            jPortTextField = new JTextField();
            jPortTextField.setBounds(new Rectangle(71, 19, 108, 30));
            jPortTextField.setText("30000");
```

```
            }
            return jPortTextField;
        }
        private JButton getJConnButton() {
            if (jConnButton == null) {
                jConnButton = new JButton();
                jConnButton.setBounds(new Rectangle(195, 17, 90, 33));
                jConnButton.setText("准备连接");
                jConnButton.addActionListener(new java.awt.event.ActionListener() {
                    public void actionPerformed(java.awt.event.ActionEvent e) {

                        if (conState == true) {
                            JOptionPane.showMessageDialog(jServerPanel, "请先断开连
接", "请先断开连接", JOptionPane.ERROR_MESSAGE);
                        } else {
                            serverListen();
                        }
                    }
                });
            }
            return jConnButton;
        }
        private JButton getJDisConnButton() {
            if (jDisConnButton == null) {
                jDisConnButton = new JButton();
                jDisConnButton.setBounds(new Rectangle(295, 17, 90, 33));
                jDisConnButton.setText("断开连接");
                jDisConnButton
                    .addActionListener(new java.awt.event.ActionListener() {
                        public void actionPerformed(java.awt.event.ActionEvent e) {
                            if (conState == false) {
                                JOptionPane.showMessageDialog(jServerPanel,
                                    "连接还没有建立", "连接还没有建立",
                                    JOptionPane.ERROR_MESSAGE);
                            } else {
                                try {
                                    // jStateTextField.setText("等待接收客户端");
                                    // repaint();
```

```
                                    out. println("Server exit!");

                                    out. flush();

                                    jReceivedTextArea. insert(" \ n", 0);

                                    jReceivedTextArea. insert("Server exit!", 0);

                                    // Thread. sleep(500);

                                    // disConnect();

                                    stopRun();

                            } catch (Exception exception) {

                                    jStateTextField. setText("无法断开连接");

                            }

                        }

                    }

                });

        }

        return jDisConnButton;

    }

    private JScrollPane getJSendScrollPane() {

        if (jSendScrollPane == null) {

            jSendScrollPane = new JScrollPane();

            jSendScrollPane. setBounds(new Rectangle(9, 119, 271, 63));

            jSendScrollPane. setViewportView(getJSendTextArea());

        }

        return jSendScrollPane;

    }

    private JScrollPane getJReceivedScrollPane() {

        if (jReceivedScrollPane == null) {

            jReceivedScrollPane = new JScrollPane();

            jReceivedScrollPane. setBounds(new Rectangle(10, 215, 381, 103));

            jReceivedScrollPane. setViewportView(getJReceivedTextArea());

        }

        return jReceivedScrollPane;

    }

    private JTextArea getJSendTextArea() {

        if (jSendTextArea == null) {

            jSendTextArea = new JTextArea();

        }

        return jSendTextArea;

    }
```

```java
private JTextArea getJReceivedTextArea() {
    if (jReceivedTextArea == null) {
        jReceivedTextArea = new JTextArea();
    }
    return jReceivedTextArea;
}
private JButton getJSendButton() {
    if (jSendButton == null) {
        jSendButton = new JButton();
        jSendButton.setBounds(new Rectangle(299, 120, 70, 23));
        jSendButton.setText("发送");
        jSendButton.addActionListener(new java.awt.event.ActionListener() {
            public void actionPerformed(java.awt.event.ActionEvent e) {
                if (jSendTextArea.getText().equals("")) {
                    JOptionPane.showMessageDialog(jServerPanel, "输入内容为空", "输入内容为空", JOptionPane.ERROR_MESSAGE);
                } else if (conState == true) {
                    sendInformation();
                    jSendTextArea.setText("");
                } else {
                    JOptionPane.showMessageDialog(jServerPanel, "还没有连接客户端", "还没有连接客户端", JOptionPane.ERROR_MESSAGE);
                }
            }
        });
    }
    return jSendButton;
}
private JButton getJClearButton() {
    if (jClearButton == null) {
        jClearButton = new JButton();
        jClearButton.setBounds(new Rectangle(299, 155, 70, 23));
        jClearButton.setText("清空");
        jClearButton.addActionListener(new java.awt.event.ActionListener() {
            public void actionPerformed(java.awt.event.ActionEvent e) {
                jReceivedTextArea.setText("");
            }
```

```
        });
    }
    return jClearButton;
}

private JTextField getJStateTextField() {
    if (jStateTextField == null) {
        jStateTextField = new JTextField();
        jStateTextField.setBounds(new Rectangle(73, 54, 312, 27));
        jStateTextField.setText("准备就绪，等待接收客户端");
        jStateTextField.setEditable(false);
    }
    return jStateTextField;
}

public void run() {
    String msg;
    runState = true;
    while (runState) {
        try {
            msg = in.readLine();
            if (msg.equals("Client exit!")) {// server exit
                processMsg(msg);
                stopRun(); // 终止线程
            } else if (msg != null) {
                DateFormat df = new SimpleDateFormat("yyyy-MM-dd HH：mm：ss");
                String str = (df.format(new Date()));
                processMsg("Client：    " + str + "\n" + msg);
            }
            Thread.sleep(500);
        } catch (Exception e) {

        }
    }
    try {// 服务器退出关闭连接和相关的"流"
        jStateTextField.setText("断开连接");
        socket.close();
        server.close();
        in.close();
        out.close();
```

```
            socket = null;

            server = null;

        } catch (IOException ioe) {

        }

    }

    public void processMsg(String msg) {// 客户端处理消息

        // jReceivedTextArea.append(msg);

        // jReceivedTextArea.append("\n");

        jReceivedTextArea.insert("\n", 0);

        jReceivedTextArea.insert(msg, 0);

    }

    public void sendInformation() {

        DateFormat df = new SimpleDateFormat("yyyy-MM-dd HH: mm: ss");

        String str = (df.format(new Date()));

        out.println(jSendTextArea.getText());

        processMsg("Server: ." + str + "\n" + jSendTextArea.getText());

        out.flush();

    }

    public void stopRun() {// to stop the running thread

        runState = false;

        conState = false;

        // disConnect();

    }

    public void serverListen() {

        try {

            server = new ServerSocket(Integer

            .parseInt(jPortTextField.getText()), 5);

            socket = server.accept();

            in = new BufferedReader(new InputStreamReader(socket

                .getInputStream()));

            out = new PrintWriter(socket.getOutputStream());

            conState = true;

            jStateTextField.setText("建立连接，来自:"

                + socket.getInetAddress().getHostAddress());

        } catch (Exception exception) {

            exception.printStackTrace();

            jStateTextField.setText("建立连接失败");
```

```
        }
        chatThread = new Thread(this);
        chatThread.start();
    }
    public static void main(String[] args) {
        Server server = new Server();
        server.setDefaultCloseOperation(JFrame.EXIT_ON_CLOSE);
    }
}
class ServerThread extends Thread { // 创建线程类
    Socket s;
    List list;
    BufferedReader in;
    PrintWriter out;
    public ServerThread(Socket s, List list) {
        this.s = s;
        this.list = list;
        try {
            in = new BufferedReader(new InputStreamReader(s.getInputStream()));
            out = new PrintWriter(s.getOutputStream());
        } catch (IOException e) {
            // TODO Auto-generated catch block
            e.printStackTrace();
        }
    }
    public void run() {
        while (true) {
            try {
                String str = in.readLine();
                if (str == null)
                    return;
                Iterator it = list.iterator();
                while (it.hasNext()) {
                    Socket socket = (Socket) (it.next());
                    PrintWriter o = new PrintWriter(socket.getOutputStream());
                    o.println(str);
                    o.flush();
```

```
            }
        } catch (IOException e) {
            // TODO Auto-generated catch block
            // e.printStackTrace();
            return;
        }
    }
}
```

运行结果如图6-4所示。

# 任务6.3　多线程多任务通信系统的实现

## 6.3.1　任务分析

实际中的通信系统要求客户端程序和服务器程序都需要同时执行多个任务。客户端程序需要能够在发送消息的同时接收其他客户发来的消息，服务器程序需要同时与每个客户保持通信，把每个客户发送的消息转发给其他客户。

Java多线程技术是实现多任务同时执行的有效方法。本任务通过在客户端和服务器程序中使用多线程技术，解决这两个程序中的多任务问题。通过实施本任务，将实现一个完整的多线程多任务的通信系统。系统运行结果如6-5所示。

(a) 系统登录窗口　　　　　　　　　(b) 用户注册运行结果

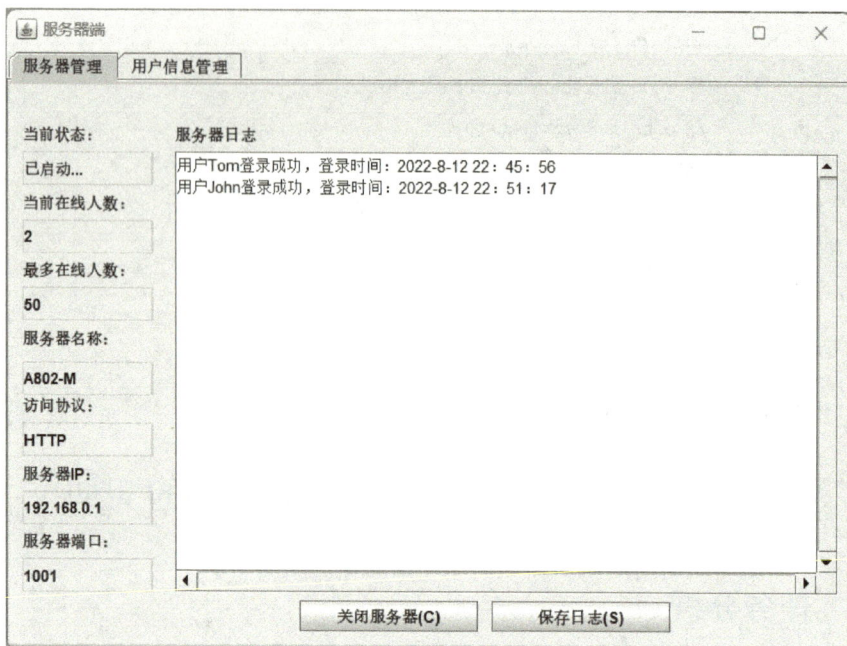

(c)服务器端运行结果

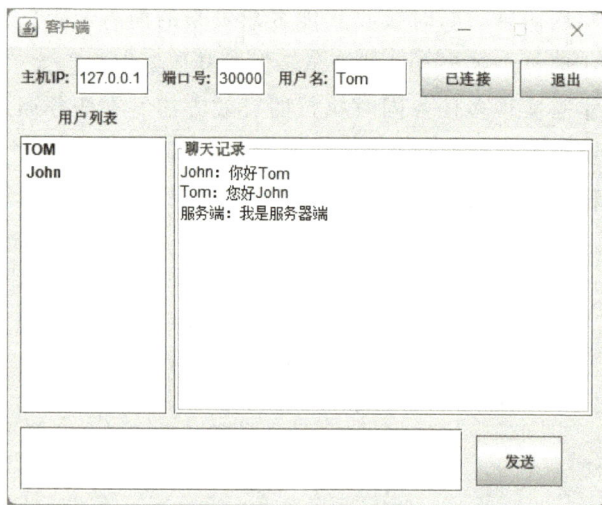

(d)客户端运行结果

图6-5 多线程多任务通信系统运行结果

## 6.3.2 知识储备

### 1. 计算机端口

计算机"端口"是英文 port 的意译，可以认为是计算机与外界通信交流的出口。其中硬件领域的端口又称接口，如 USB 端口、串行端口等。软件领域的端口一般指网络中面向连接服务和无连接服务的通信协议端口，是一种抽象的软件结构，包括一些数据结构和 I/O(基本输入输出)缓冲区。

按端口号可分为 3 大类：公认端口、注册端口、动态和/或私有端口。

(1)公认端口(Well Known Ports)：从 0 到 1023，它们紧密绑定(binding)于一些服务。通常这些端口的通信明确表明了某种服务的协议。例如，80 端口实际上总是 HTTP 通信。

(2)注册端口(Registered Ports)：从 1024 到 49151，它们松散地绑定于一些服务。也就是说有许多服务绑定于这些端口，这些端口同样用于许多其他目的。例如，许多系统处理动态端口从 1024 左右开始。

(3)动态和/或私有端口(Dynamic and/or Private Ports)：从 49152 到 65535。理论上，不应为服务分配这些端口。实际上，机器通常从 1024 起分配动态端口。但也有例外，SUN 的 RPC 端口从 32768 开始。

### 2. URL 类和 InetAddress 类

统一资源定位符(URL)是用于完整地描述网络资源地址的一种标识方法。URL 由三部分组成：协议类型，主机名和路径及文件名。通过 URL 可以指定的主要有以下几种：http、ftp、gopher、telnet、file 等。

Java.net 包中提供的 URL 类对象描述网络资源的统一定位问题，并通过 InetAddress 类对象获取网络资源所在主机的地址信息。

(1)URL 类。URL 类表示 URL 地址，是 Object 类的一个子类，也是一种最终类，不能被继承。在 Java 程序中，如果我们通过创建一个 URL 类对象，打开与它的连接，再调用该类中包含的查询方法，就可以获取资源的内容。URL 类的主要方法如表 6-4 所示。

表 6-4　URL 类的主要方法

| 方法名 | 方法说明 |
|---|---|
| public URL(String addr) | 创建一个给定资源地址的 URL 对象，addr 应是一个合法的 URL 值 |
| public URL(String protocol, String host，String file) | 创建一个拥有指定协议名称、主机名、文件名的 URL 对象 |
| public URL(String protocol, String host，int port，String file) | 创建一个拥有指定协议名称、主机名、端口号、文件名的 URL 对象 |
| public String getProtocol() | 返回 URL 中的协议名称 |
| public String getHost() | 返回 URL 中的主机名 |

续表

| 方法名 | 方法说明 |
|--------|----------|
| public int getPort() | 返回 URL 中的端口号。如果 URL 中没有设定端口号，该函数返回－1 |
| public String getFile() | 返回 URL 中的文件名部分 |
| public String getRef() | 返回 URL 中的引用 |
| public String toString() | 返回整个 URL 值 |

(2)InetAddress 类。InetAddress 类表示的是一个 Internet 协议(IP)地址，也是 Object 类的子类。与 Java 中大多数类不同的是，InetAddress 类创建对象时不能用 new 操作符的方法创建，而只能直接调用该类提供的静态方法创建。InetAddress 类的主要方法如表 6－5 所示。

表 6－5　InetAddress 类

| 方法名 | 方法说明 |
|--------|----------|
| public Boolean equals(Object obj) | 判断给定对象是否与当前对象拥有相同的 IP 地址，相同时，函数返回 true，不相同时，返回 false |
| public byte[] getAddress() | 返回当前对象的 IP 地址 |
| public static InetAddress[] getAllByName(String host) | 返回给定主机名的资源所在的所有 IP 地址 |
| public static InetAddress getByName(String host) | 返回给定主机名的主机的 IP 地址 |
| public String getHostName() | 返回当前对象的主机名 |
| public static InetAddress getLocalhost() | 返回本地主机的 IP 地址 |
| public int hashCode() | 返回当前对象的 IP 地址的散列码 |
| public String toString() | 返回当前对象的 IP 地址的字符串表示 |

**3. 线程**

线程是在进程的基础上发展起来的描述进程子任务的一个概念。线程的存在是一个从产生开始运行直到消亡的动态过程，人们将这个过程形象地称为线程的生命周期，如图 6－6 所示。线程的生命周期分为：新建(New)、就绪(Runnable)、运行(Running)、阻塞(Blocked)和死亡(Terminated)5 种状态。

(1)新建状态。程序使用 new 关键字创建一个线程后，该线程处于新建状态，此时

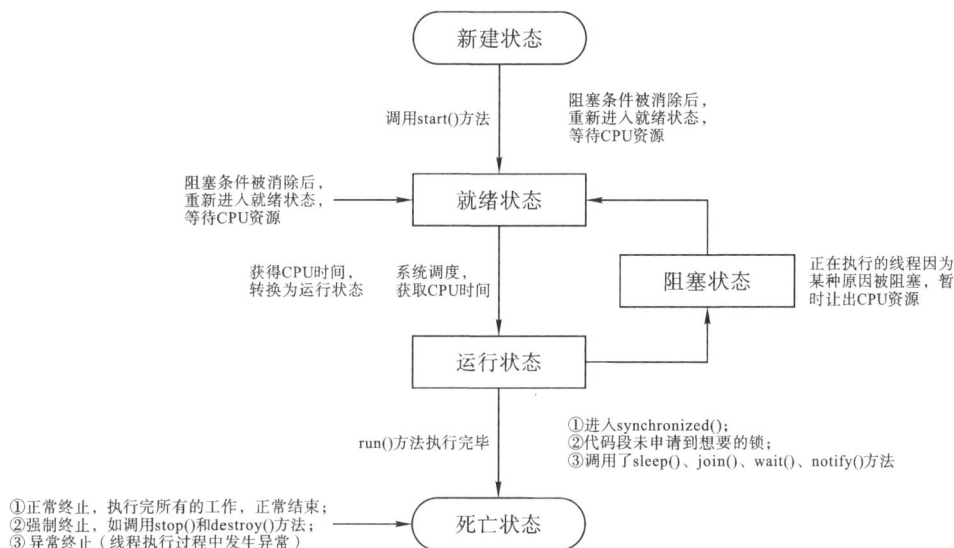

图 6-6　线程的生命周期

它和其他 Java 对象一样，在堆间内被分配了一块内存，但还不能运行。

（2）就绪状态。一个线程对象被创建后，其他线程调用它的 start( )方法，该线程就进入就绪状态，Java 虚拟机会为它创建方法调用栈和程序计数器。处于这个状态的线程位于可运行池中，等待获得 CPU 的使用权。

（3）运行状态。处于这个状态的线程占用 CPU，执行程序代码。在并发执行时，如果计算机只有一个 CPU，那么只会有一个线程处于运行状态。如果计算机有多个 CPU，那么同一时刻可以有多个线程占用不同 CPU 处于运行状态，只有处于就绪状态的线程才可以转换到运行状态。

（4）阻塞状态。阻塞状态是指线程因为某些原因放弃 CPU，暂时停止运行。当线程处于阻塞状态时，Java 虚拟机不会给线程分配 CPU，直到线程重新进入就绪状态，它才有机会转换到运行状态。

下面列举线程由运行状态转换成阻塞状态的原因，以及如何从阻塞状态转换成就绪状态。

当线程调用了某个对象的 suspend( )方法时，会使线程进入阻塞状态，如果想进入就绪状态，需要使用 resume( )方法唤醒该线程。

当线程试图获取某个对象的同步锁时，如果该锁被其他线程持有，则当前线程会进入阻塞状态；如果想从阻塞状态进入就绪状态，必须获取其他线程持有的锁，关于锁的概念会在后面详细讲解。

当线程调用了 Thread 类的 sleep( )方法时，会使线程进入阻塞状态，在这种情况下，需要等到线程睡眠的时间结束，线程才会进入就绪状态。当线程调用了某个对象的 wait()方法时，会使线程进入阻塞状态，如果想进入就绪状态，需使用 notify()方法或 notifyAll()方法唤醒该线程。当在一个线程中调用了另一个线程的 join()方法时，会使当前线程进入阻塞状态，在这种情况下，要等到新加入的线程运行结束后才会结束阻塞状态，进入就绪状态。

（5）死亡状态：

①线程的 run()方法正常执行完成，线程正常结束。

②线程抛出异常（Exception）或错误（Error）。

③调用线程对象的 stop()方法结束该线程。线程一旦转换为死亡状态，就不能运行且不能转换为其他状态。

（6）sleep 和 wait 的区别：

①sleep 是 Thread 类的方法，wait 是 Object 类中定义的方法。

②Thread. sleep 不会导致锁行为的改变，如果当前线程是拥有锁的，那么 Thread. sleep 不会让线程释放锁。

③Thread. sleep 和 Object. wait 都会暂停当前的线程。操作系统会将 CPU 资源分配给其他线程。区别是，调用 wait 后，需要别的线程执行 notify/notifyAll 才能够重新获得 CPU 执行资源。

### 1）线程的创建

Java 程序可采用两种方法创建线程，一种是继承 Thread 类，直接创建线程对象，另一种是继承 Runnable 接口，间接创建线程对象。

（1）继承 Thread 类。继承 Thread 类实现线程，就是先定义继承 Thread 类的子类，然后在子类中重写 Thread 类的 run()方法，最后由子类创建线程对象。run()方法是线程的核心，方法体内语句实现的是线程的功能。为了让线程不断工作，通常在 run()方法体中包含一个循环语句。Thread 类方法如表 6-6 所示。

表 6-6　**Tread 类的主要方法**

| 方法名 | 方法说明 |
| --- | --- |
| public Thread() | 初始化创建的线程对象 |
| public Thread(Runnable target) | 初始化创建的线程对象，使该对象可执行对象 target 中的 run()方法 |
| public Thread(String name) | 初始化创建的线程对象，并设其名字为 name |
| public static ThreadcurrentThread() | 返回目前正在执行的线程 |
| public void destroy() | 消灭当前线程 |
| public final String getName() | 返回当前线程名称 |
| public void interrupt() | 中断当前线程 |

续表

| 方法名 | 方法说明 |
|---|---|
| public void run() | 执行当前线程 |
| public void start() | 启动当前线程 |
| public static void sleep（long millis） throws InterruptedException | 当前线程睡眠 millis 毫秒 |

（2）实现 Runnable 接口。如果设计的类已经继承了某个类，就不宜采用上一节的方法来创建线程。不过由于 Java 类可以实现多个接口，我们可以采用实现 Runnable 接口的方法将对象与一个 Thread 类对象关联使用。

2）线程的管理

（1）线程的优先级。在多线程的执行状态下，其实并不希望按照系统随机分配时间片方式给一个线程分配时间。因为随机性将导致程序运行结果的随机性。因此，在 Java 中提供了一个线程调度器来监控程序中启动后进入可运行状态的所有线程。线程调度器按照线程的优先级决定调度哪些线程来执行，具有高优先级的线程会在较低优先级的线程之前得到执行。同时，线程的调度是抢先式的，即如果当前线程在执行过程中，一个具有更高优先级的线程进入可执行状态，则该高优先级的线程会被立即调度执行。在 Java 中，线程的优先级是用整数表示的，取值范围是从 1～10，其中 1 是最低优先级，10 是最高优先级。Thread 类中与优先级相关的三个静态常量如下：

①低优先级：Thread. MIN _ PRIORITY，取值为 1。

②缺省优先级：Thread. NORM _ PRIORITY，取值为 5。

③高优先级：Thread. MAX _ PRIORITY，取值为 10。

线程被创建后，其缺省的优先级是缺省优先级 Thread. NORM _ PRIORITY。可以用方法 int getPriority()获得线程的优先级，同时也可以用方法 void setPriority(int p)在线程被创建后改变线程的优先级。

**例 6 - 1** 线程优先级测试

```
import java. util. concurrent. ExecutorService;
import java. util. concurrent. Executors;
public class SimplePriorities implements Runnable {
    private intcountDown = 5;
    private int proitiy;
    public SimplePriorities(int proitiy){
        this. proitiy = proitiy;
    }
    public String toString(){//覆盖本类的 toString 方法，以便下面打印线程名称
```

```
            return Thread. currentThread() + ":" + countDown;
    }
    public void run() {
        Thread. currentThread(). setPriority(proitiy); //设置优先级
        while (true){
            for (int i = 1; i < 10000; i++){
                if(i % 1000 == 0){
                    Thread. yield();
                }
            }
            System. out. println(this);
            if(−−countDown == 0)return;
        }
    }
    public static void main(String [] args){
        ExecutorService exe = Executors. newCachedThreadPool();
        for (inti =1; i<5; i++){
            exe. execute(new SimplePriorities(Thread. MIN _ PRIORITY)); //为前5个线程设置
最低优先级参数
        }
        exe. execute(new SimplePriorities(Thread. MAX _ PRIORITY)); //最后一个线程设置为
最高优先级参数
        exe. shutdown(); //shutdown 的作用是防止新任务被提交给这个 Executor
    }
}
```

（2）线程的调度。在实际应用中，一般不提倡依靠线程优先级来控制线程的状态，Thread 类中提供的关于线程调度控制的方法如表 6－7 所示。使用这些方法可将运行中的线程状态设置为阻塞或就绪，从而控制线程的执进。

表 6－7　线程调度控制的常用方法

| 方法名 | 方法说明 |
| --- | --- |
| public static native void sleep(long millis) | 使目前正在执行的线程休眠 millis 毫秒 |
| public static void sleep(long millis, int nanos) | 使用目前正在执行的线程休眠 millis 毫秒加上 nanos 秒 |
| public final void suspend() | 挂起所有该线程组内的线程 |
| public final void resume() | 继续执行线程组中所有线程 |
| public static native void yield() | 将目前正在执行的线程暂停，允许其他线程执行 |

下面通过多线程程序建立三个线程，分别要求 A 线程打印 10 次"A"，B 线程打印 10 次"B"，C 线程打印 10 次"C"，要求线程同时运行，交替打印 10 次 ABC。这个问题用 Object 的 wait()，notify()就可以很方便地解决，具体代码如下。

**例 6 - 2**  wait()，notify()方法测试

```java
public class TestWaitNotify implements Runnable{
    private String name;
    private Object prev;
    private Object self;
    private TestWaitNotify(String name, Object prev, Object self) {
        this.name = name;
        this.prev = prev;
        this.self = self;
    }
    public void run() {
        int count = 10;
        while (count > 0) {
            synchronized (prev) {
            synchronized (self) {
            System.out.print(name);
            count--;
                self.notify();
            }
                try {
                prev.wait();
                } catch (InterruptedException e) {
                e.printStackTrace();
                }
            }
        }
    }
    public static void main(String[] args) throws Exception {
        Object a = new Object();
        Object b = new Object();
        Object c = new Object();
        TestWaitNotify pa = new TestWaitNotify("A", c, a);
        TestWaitNotify pb = new TestWaitNotify("B", a, b);
        TestWaitNotify pc = new TestWaitNotify("C", b, c);
```

```
new Thread(pa).start();
Thread.sleep(100);      //确保按顺序 A、B、C 执行
new Thread(pb).start();
Thread.sleep(100);
new Thread(pc).start();
Thread.sleep(100);
        }
    }
```

该问题为三线程间的同步唤醒操作，主要的目的就是 ThreadA → ThreadB → ThreadC → ThreadA 循环执行三个线程。为了控制线程执行的顺序，那么就必须要确定唤醒、等待的顺序，所以每一个线程必须同时持有两个对象锁，才能继续执行。一个对象锁是 prev，就是前一个线程所持有的对象锁，还有一个就是自身对象锁。主要思想是，为了控制执行的顺序，必须要先持有 prev 锁，也就是前一个线程要释放自身对象锁，再去申请自身对象锁，两者兼备时打印，之后首先调用 self.notify()释放自身对象锁，唤醒下一个等待线程，再调用 prev.wait()释放 prev 对象锁，终止当前线程，等待循环结束后再次被唤醒。运行例 6 - 2 程序代码，可以发现三个线程循环打印 ABC，共 10 次。程序运行的主要过程就是 A 线程最先运行，持有 C、A 对象锁，后释放 A、C 锁，唤醒 B。线程 B 等待 A 锁，再申请 B 锁，后打印 B，再释放 B、A 锁，唤醒 C，线程 C 等待 B 锁，再申请 C 锁，后打印 C，再释放 C、B 锁，唤醒 A。看起来似乎没什么问题，但如果仔细想一下，就会发现有问题，就是初始条件，三个线程按照 A、B、C 的顺序来启动，按照前面的思考，A 唤醒 B，B 唤醒 C，C 再唤醒 A。但是，这种假设依赖于 JVM 中线程调度、执行的顺序。

### 4. I/O 输入/输出流

输入输出(I/O)是指程序与外部设备或其他计算机进行交互的操作。几乎所有的程序都具有输入与输出操作，如从键盘上读取数据，从本地或网络上的文件读取数据或写入数据等。通过输入和输出操作可以从外界接收信息，或者是把信息传递给外界。Java 把这些输入与输出操作用流来实现，通过统一的接口来表示，从而使程序设计更为简单。

#### 1）输入/输出流

在 Java 中，我们可以通过 InputStream、OutputStream、Reader 与 Writer 类来处理流的输入与输出。InputStream 与 OutputStream 类通常是用来处理"字节流"，也就是二进制文件的。二进制文件是不能被 Windows 中的记事本直接编辑的文件，在读、写二进制文件时必须使用字节流，例如 Word 文档、音频和视频文件等。而 Reader 与 Writer 类则是用来处理"字符流"，也就是纯文本文件的。纯文本文件是可以被 Windows

中的记事本直接编辑的文件。

字节流（InputStream 类和 OutputStream 类）：

字节流提供了处理字节的输入/输出方法。也就是说，除了访问纯文本文件，它们也可用来访问二进制文件的数据。字节流类用两个类层次定义，在顶层的是两个抽象类：InputStream（输入流）和 OutputStream（输出流）。这两个抽象类由 Object 类扩展而来，是所有字节输入流和输出流的基类，抽象类是不能直接创建流对象的，由其所派生出来的子类提供了读、写不同数据的处理。

在抽象类 InputStream 和 OutputStream 中，方法都可以被它们所有的子类继承使用，所有这些方法在发生错误时都会抛出 IOException 异常，程序必须使用 try-catch 块捕获并处理这个异常。InputStream 和 OutputStream 类的常用方法如表 6 - 8 和表 6 - 9 所示。

表 6 - 8　InputStream 类的常用方法

| 方法名 | 方法说明 |
|---|---|
| abstract int read() | 从输入流读取一个字节的数据 |
| int read(byte b[]) | 从输入流读取字节数并存储在数组 b 中 |
| int read(byte b[], int off, int len) | 从输入流中读取 len 个字节数据存放在字节数组 b[off]的位置 |
| long skip(long n) | 从输入流中跳过 n 个字节 |
| void close() | 关闭输入流，释放资源 |

表 6 - 9　OutputStream 类的常用方法

| 方法名 | 方法说明 |
|---|---|
| abstract void write() | 将指定的字节数据写入输出流 |
| void write(byte b[]) | 将字节数组写入输出流 |
| void wirte(byte b[], int off, int len) | 从字节数组的 off 处向输出流写入 len 个字节 |
| long flush(long n) | 强制将输出流保存在缓冲区中的数据写入输出流 |
| void close() | 先调用 flush，然后关闭输出流，释放资源 |

另外，Java 定义了字节流的子类包括文件输入/输出流（FileInputStream 和 FileOutputStream），专门用来处理磁盘文件的读和写操作。FileInputStream 和 FileOutputStream 常用方法如表 6 - 10 和表 6 - 11 所示。

表 6 - 10　FileInputStream 类的常用方法

| 方法名 | 方法说明 |
|---|---|
| FileInputStream（String filename） | 根据文件名称创建一个可供读取数据的输入对象 |
| FileInputStream(File file) | 根据 File 对象创建 FileInputStream 类的对象 |

表 6 - 11　FileOutputStream 类的常用方法

| 方法名 | 方法说明 |
|---|---|
| FileOutputStream(String filename) | 根据文件名称创建一个可供写入数据的输出流对象，原来的文件会被覆盖 |
| FileOutputStream（String filename, boolean a） | 同上，但如果 a 设为 true，则会将数据附加在原先的数据后面 |

### 2）文件（File 类）

在 java. io 包中提供了操作流的大量类和接口，但在这个包中有一个类不是用来操作流的，而是用来处理文件和文件系统的，那就是 File 类。File 类指文件和目录的集合。Java 语言中通过 File 类来建立与磁盘文件的联系。File 类主要用来获取文件或者目录的信息，File 类的对象本身不提供对文件的处理功能，要想对文件实现读、写操作，需要使用相关的输入/输出流。

File 类属于 java. io 包，是 java. lang. Object 的子类，File 类的常用方法如表 6 - 12所示。

表 6 - 12　File 类的常用方法

| 方法名 | 方法说明 |
|---|---|
| String getName() | 返回表示当前对象的文件名 |
| String getParent() | 返回当前 File 对象路径名的父路径名，如果此名没有父路径则为 null |
| String getPath() | 返回表示当前对象的路径名 |
| boolean isAbsolute() | 测试当前 File 对象表示的文件是否是一个绝对路径名 |
| boolean isDirectory() | 测试当前 File 对象表示的文件是否是一个路径 |
| boolean isFile() | 返回当前 File 对象表示的文件是否是一个"普通"文件 |
| long lastModified() | 返回当前 File 对象表示的文件最后修改的时间 |
| long length() | 返回当前 File 对象表示的文件长度 |
| String list() | 返回当前 File 对象指定的路径文件列表 |
| String toString() | 将文件路径转换为字符串 |

## 6.3.3 任务实施

### 1. 数据类型的设计

```
package sxpi. java. cn;
import java. io. Serializable;
public class Chat implements Serializable
{

    private static final long serialVersionUID = 4058485121419391969L;
    public String    chatUser;
    public String    chatMessage;
    public String    chatToUser;
    public String    emote;
    public boolean whisper;

}
```

### 2. 服务器程序的多线程设计

服务器端监听线程等待客户端的连接请求，如果有客户端发起连接，就创建一个通信线程，使该线程专门负责与该客户的通信。

```
package sxpi. java. cn;
import java. io. * ;
import java. net. * ;
import java. util. * ;
public class AppServer extends Thread {
    private ServerSocket serverSocket;
    private ServerFrame sFrame;
    @SuppressWarnings("unchecked")
    private static Vector userOnline = new Vector(1, 1);
    @SuppressWarnings("unchecked")
    private static Vector v = newVector(1, 1);
    public AppServer() {
        sFrame = new ServerFrame();
        try {
            serverSocket = new ServerSocket(1001);
            // 获取服务器的主机名和 IP 地址
```

```
            InetAddress address = InetAddress.getLocalHost();
            sFrame.txtServerName.setText(address.getHostName());
            sFrame.txtIP.setText(address.getHostAddress());
            sFrame.txtPort.setText("1001");
        } catch (IOException e) {
            fail(e, "不能启动服务!");
        }
        sFrame.txtStatus.setText("已启动...");
        this.start(); // 启动线程
    }
    public static void fail(Exception e, String str) {
        System.out.println(str + "。" + e);
    }
    public void run() {
        try {
            while (true) {
                // 监听并接受客户的请求
                Socket client = serverSocket.accept();
                new Connection(sFrame, client, userOnline, v); // 支持多线程
            }
        } catch (IOException e) {
            fail(e, "不能监听!");
        }
    }
}
```

然后通过 Connection 方法实现对客户端通信线程的接收，下面给出部分代码：

```
public Connection(ServerFrame frame, Socket client, Vector u, Vector c) {
        netClient = client;
        userOnline = u;
        userChat = c;
        sFrame = frame;
        try {
                fromClient = new ObjectInputStream(netClient.getInputStream());
            // 服务器写到客户
            toClient = new PrintStream(netClient.getOutputStream());
        } catch (IOException e) {
```

```
        try {
            netClient.close();
        } catch (IOException e1) {
            System.out.println("不能建立流" + e1);
            return;
        }
    }
    this.start();
}
```

服务器端接收到客户端的请求之后，然后再通过 run 方法处理客户端线程。代码
如下：

```
public void run() {
    try {// obj 是 Object 类的对象
        obj = (Object) fromClient.readObject();
        if (obj.getClass().getName().equals("Customer")) {
            serverLogin();
        }
        if (obj.getClass().getName().equals("Register_Customer")) {
            serverRegiste();
        }
        if (obj.getClass().getName().equals("Message")) {
            serverMessage();
        }
        if (obj.getClass().getName().equals("Chat")) {
            serverChat();
        }
        if (obj.getClass().getName().equals("Exit")) {
            serverExit();
        }
    } catch (IOException e) {
        System.out.println(e);
    } catch (ClassNotFoundException e1) {
        System.out.println("读对象发生错误!" + e1);
    } finally {
        try {
            netClient.close();
```

```
        } catch (IOException e) {
            System.out.println(e);
        }
    }
}
```

### 3. 系统日志的保存

通信系统的日志记录是系统重要的组成部分，不但需要记录服务器端的运行状态、通信状态和客户端的通信信息，而且需要记录客户端的发送信息记录。由于该系统数据量不大，系统部署的便捷，所以采用记事本存储系统的运行日志和客户端信息。

```java
protected void saveLog() {
    try {
        FileOutputStream fileoutput = new FileOutputStream("log.txt", true);
        String temp = taMessage.getText();
        fileoutput.write(temp.getBytes());
        fileoutput.close();
        JOptionPane.showMessageDialog(null, "记录保存在 log.txt");
    } catch (Exception e) {
        System.out.println(e);
    }
}
```

系统运行结果如图 6-5 所示。

## 6.3.4　知识拓展

### 1. 对象的串行化（Serialization）

（1）什么是串行化。对象的生命周期通常随着生成该对象的程序的终止而终止。有时候，可能需要将对象的状态保存下来，在需要时再将对象恢复。我们把对象的这种能记录自己的状态以便将来再生的能力，叫做对象的持续性（persistence）。对象通过写出描述自己状态的数值来记录自己，这个过程叫对象的串行化（Serialization）。

（2）串行化的目的。串行化的目的是为 java 的运行环境提供一组特性，其主要任务是写出对象实例变量的数值。

（3）串行化的定义。在 java.io 包中，接口 Serializable 用来作为实现对象串行化的工具，只有实现了 Serializable 类的对象才可以被串行化。Serializable 接口中没有任何的方法，当一个类声明要实现 Serializable 接口时，只是表明该类参加串行化协议，而不需要实现任何特殊的方法。如以下代码定义一个串行化对象。

**例 6 - 3** 实现 Serializable 接口完成对象的串行化。

```
import java.io. * ;
class Student implements Serializable {
    private static final long serialVersionUID = 1L;
    int id; //学号
    String name; //姓名
    int age; //年龄
    String department; //系别
    public Student(int id, String name, int age, String department) {
        this.id = id;
        this.name = name;
        this.age = age;
        this.department = department;
    }
}
```

要串行化一个对象，必须与一定的对象输出/输入流联系起来，通过对象输出流将对象状态保存下来，再通过对象输入流将对象状态恢复。

java.io 包中，提供了 ObjectInputStream 和 ObjectOutputStream 将数据流功能扩展至可读写对象。在 ObjectInputStream 中用 readObject()方法可以直接读取一个对象，ObjectOutputStream 中用 writeObject()方法可以直接将对象保存到输出流中。

**例 6 - 4** 使用 ObjectInputStream 和 ObjectOutputStream 将数据流功能扩展至可读写对象。

```
public class ObjectSer {
    public static void main(String args[]) throws IOException,
            ClassNotFoundException {
        Student stu = new Student(981036, "LiuMing", 18, "CSD");
        FileOutputStream fo = new FileOutputStream("data.ser");
        ObjectOutputStream so = new ObjectOutputStream(fo);
        try {
            so.writeObject(stu);
            so.close();
        } catch (Exception e) {
            System.out.println(e);
        }
        stu = null;
```

```
FileInputStream fi = new FileInputStream("data.ser");
ObjectInputStream si = new ObjectInputStream(fi);
try {
    si.close();
} catch (Exception e) {
    System.out.println(e);
}
System.out.println("Student Info:");
System.out.println("ID:" + stu.id);
System.out.println("Name:" + stu.name);
System.out.println("Age:" + stu.age);
System.out.println("Dep:" + stu.department);
    }
}
```

运行结果如下：
Student Info：
ID：981036
Name：LiuMing
Age：18
Dep：CSD

通过上面的例子，我们首先定义了一个类 Student，实现了 Serializable 接口，然后通过对象输出流的 writeObject()方法将 Student 对象保存到文件 data.ser 中。之后，通过对象输入流的 readObjcet()方法从文件 data.ser 中读出保存下来的 Student 对象。从运行结果可以看到，通过串行化机制，可以正确地保存和恢复对象的状态。

（4）串行化的注意事项。串行化只能保存对象的非静态成员变量，不能保存任何的成员方法和静态的成员变量，而且串行化保存的只是变量的值，对于变量的任何修饰符都不能保存。另外，对于某些类型的对象，其状态是瞬时的，这样的对象是无法保存其状态的。例如一个 Thread 对象或一个 FileInputStream 对象，对于这些字段，我们必须用 transient 关键字标明，否则编译器将报错。

### 2. 文件过滤

文件过滤在项目中使用的频率较高，通过实现 FileFilter 类，可以实现项目需要的过滤类，在接口方法 accept()中可以自行定义过滤规则。下面是 FileFilter 的一个应用案例，列出包含指定关键词的目录和文件。

**例 6-5**  文件过滤 FileFilter 类的使用。

```
import java. io. File；

import java. io. FileFilter；

public class KeywordFileFilter implements FileFilter {

    private String keyword；

    public KeywordFileFilter(String keyword) {

      this. keyword = keyword；

    }

    public boolean accept(File pathname) {

      return pathname. getName(). toLowerCase(). indexOf(keyword) >= 0；

    }

    public static void main(String[] args) {

      File path = new File("c：/")；

      File[] list = path. listFiles(new KeywordFileFilter("windows"))；

      for (int i = 0；i < list. length；i++) {

        System. out. println(list[i]. getName())；

      }

    }

  }
```

# 习 题

## 一、填空题

1. 要编写网络应用程序，首先必须明确网络应用程序所要使用的网络协议，_____协议是网络应用程序的首选。

2. Java 提供了 InetAddress 类来代表 IP 地址，它有 2 个子类，分别为_____类和 Inet6Address 类。

3. _____协议是无连接的通信协议，其将数据封装成数据包，直接发送出去，每个数据包的大小限制在 64KB 以内，发送数据结束时无须释放资源。

4. TCP/IP 参考模型将网络分为 4 层，分别为物理＋数据链路层、网络层、传输层和_____。

5. Java 对基于 TCP 协议的网络提供了良好的封装，使用 ServerSocket 类代表服务器端，使用_____类代表客户端。

6. _____是 Java 程序的并发机制，它能同步共享数据、处理不同的事件。

7. 线程有新建、就绪、运行、_____和死亡 5 种状态。

8. JDK5.0 以前，线程的创建有两种方法：实现 ＿＿＿＿＿＿＿＿＿＿＿＿ 接口和继承 Thread 类。

9. 多线程程序设计的含义是可以将程序任务分成几个子任务。

10. 在多线程系统中，多个线程之间有＿＿＿＿＿＿＿＿＿＿和互斥两种关系。

二、选择题

1. Java 网络程序位于 TCP/IP 参考模型的（　　　）。

A. 网络层            B. 应用层

C. 传输层            D. 主机-网络层

2. 以下哪些协议位于传输层？（　　　）

A. TCP            B. HTTP

C. SMTP            D. IP

3. 下列哪个不是 InetAddress 类的方法？（　　　）

A. getAddress()            B. getHostAddress()

C. getLocalHost()            D. getlnetAddress()

4. 在客户端/服务器通信模式中，客户端与服务器程序的主要任务是什么？（　　　）

A. 客户端程序在网络上找到一条到达服务器的路由

B. 客户端程序发送请求，不接收服务器的响应

C. 服务器程序接收并处理客户端请求，然后向客户端发送响应结果，客户端程序和服务器程序都会保证发送的数据不会在传输途中丢失

D. 客户端程序和服务器程序都会保证发送的数据不会在传输途中丢失

5. 下面对端口的概述，哪个是错误的？（　　　）

A. 端口是应用程序的逻辑标识     B. 端口是有范围限制的

C. 端口的值可以任意            D. 0～1024 的端口不建议使用

6. 线程调用了 sleep() 方法后，该线程将进入（　　　）状态。

A. 可运行            B. 运行

D. 终止             C. 阻塞

7. 关于 Java 线程，下面说法错误的是（　　　）。

A. 线程是以 CPU 为主体的行为     B. Java 利用线程使整个系统成为异步

C. 继承 Thread 类可以创建线程      D. 新线程被创建后，它将自动开始运行

8. 线程控制方法中，yield() 的作用是（　　　）。

A. 返回当前线程的引用         B. 使优先级比其低的线程执行

C. 强行终止线程              D. 只让给同优先级线程执行

9. 当（　　　）方法终止时，能使线程进入死亡状态。

A. run()            B. setPriority()

C. yield()                                          D. sleep()

10. 线程通过（        ）方法可以改变优先级。

A. run()                                            B. setPriority()

C. yield()                                          D. sleep()

## 三、简答题

1. 简述 TCP/IP 参考模型的层次结构。

2. 简述你对 IP 地址和端口号的理解。

3. 简述 UDP 和 TCP 的区别。

4. 什么是线程？什么是进程？

5. Java 有哪几种创建线程的方式？

6. 什么是线程的生命周期？

7. 启动一个线程可用什么方法？

## 四、编程题

1. 利用 TCP 协议，使用 9999 端口，客户端服务器端发送字符串"我爱 Java"，服务器端收到后给客户端回复消息确认。

2. 利用 UDP 协议，使用 8088 端口，发送端向接收端发送字符串"Java 爱我"，接收端接收字符串并输出到控制台。

3. 利用多线程设计一个程序，同时输出 10 以内的奇数和偶数，以及当前运行的线程名称，输出数字完毕后输出"end"。

# 参考文献

［1］ GOSLING J，JOY B. Java 语言规范［M］. 3 版 . 北京：机械工业出版社，2006.

［2］ MUGHAL K A，RASMUSSEN R W. Java 认证考试指南［M］. 任学群，等译. 2 版 . 北京：清华大学出版社，2006.

［3］ 陈勇孝，郎洪，马春龙 . Java 程序设计实用教程［M］. 北京：清华大学出版社，2008.

［4］ 张玉叶，王彤宇. Java 程序设计项目化教程：微课版［M］. 北京：人民邮电出版社，2023.

［5］ 陈冈，陈智洁，宋泽源 . Java 开发入行真功夫［M］. 北京：电子工业出版社，2009.

［6］ ECKEL B. Java 编程思想［M］. 陈昊鹏，译 . 4 版 . 北京：机械工业出版社，2007.